U0045827

1天1項

# 環保挑戰

## 與孩子一起打造永續地球

鄭命姬／著　李智英／繪　游芯歆／譯

## 各界好評推薦！

＊人名皆為音譯

如果地球生病了，我們也會生病。
我們美麗的家園──地球病得很嚴重，
因此在這裡賴以維生的我們也面臨令人心痛的時代。
這本書中充滿了孩子們在未來
照顧地球、勇敢生活時所需要的智慧。
希望各地的兒童都能透過這本書，
了解地球的生命和我們之間存在多麼緊密的關係。
也希望能看到大家一同覺醒，成為守護地球的地球勇士隊！

**金昭延（光明YMCA稻種學校教師，氣候活動家）**

我們的孩子正親身感受著氣候危機，孩子們現在不能只是單純地累積知識，還要實踐所學，才能克服這場危機。只要跟著本書中所提供的趣味活動，就能找到克服氣候危機的方法。希望自我發現的學習過程能化為生活中的行動，保護我們賴以生存的地球。

**徐明順（京畿智慧小學老師，守護環境和生命的教師團體）**

我們唯一能生存的環境，獨一無二的家園──地球，正處於垂死邊緣。
人們生活中不可或缺的空氣、水、土地、樹木、昆蟲等自然生命，因為我們人類正逐漸死去。在我們生活中吃的、喝的、用的所產生的各種物質正在殺害地球上的大自然。也就是說，我們為了生存卻造成等同於我們生命的地球大自然一步步地走向死亡。人類自掘墳墓的行為實在是太愚蠢了。
如今，大自然已經到了病入膏肓的地步，其結果就是出現了像新冠病毒這種可怕的病毒，而將帶來比病毒更嚴重災難的氣候危機就在眼前。
該怎麼做才能拯救人類和地球上的大自然呢？就像格蕾塔・童貝里一樣，我們應該立刻改變自己的想法和行為，不要只是嘴上說說，還要在生活中實際做到。這本書是「綠色聯盟」環保人士在現場親身體驗，將各種拯救大自然的環保運動實踐方法彙集而成的一本書，不僅可以作為拯救唯一地球和我們生命的最強說明書，也將成為下一代兒童在生活和教育上的最佳指南。

**柳宗洋（社團法人生態教育中心I-Rang 法人代表）**

跟隨木瓜和葡萄柚這兩位可愛又迷人的朋友，解開謎題和密碼、挑戰爬梯子遊戲等任務，同時思考生活中的環境議題。在這過程中宛如施展魔法般，不知不覺就完成了一天一項環境挑戰。這本書講述隱藏在家庭、學校、山、海裡的塑膠、電能、化學物質、肉食、氣候危機、玩具的祕密，是一本適合小學生閱讀的環境學習練習簿，也是共存生活的智慧之書，可以讓小學生領悟其他生命與我們之間有著緊密的關係，必須互相照顧。最重要的是，這雖然是一本有關環境的書籍，卻擁有妙趣橫生的特色。

**李安素英（女性環境聯隊 常任代表）**

氣候危機不只威脅到北極熊，也同樣威脅到地球上的人類和動植物。氣候危機雖然是由這一代造成的，卻會給下一代帶來更大的負面影響，需要我們所有人更積極地做出改變來影響整個社會。第一步就是從小透過教育和實踐，建立將來成長為健康及健全環境市民的基礎。我相信《1天1項環保挑戰，與孩子一起打造永續地球》這本書會成為最佳指引，幫助我們理解日常生活對地球生態界的影響，以及學到環境的寶貴和實踐行動的方法，強力推薦這本書！

**張栽然（財團法人森林與分享 理事長）**

下一代的教育核心是教育的生態轉型，而生態轉型的關鍵則是結合所有的生命體。這本書已經不是一本單純的環境教科書，因為本書幫助兒童們從生態學的角度，也就是將環境與人類及所有生命體息息相關的角度，重新詮釋自己的日常生活，並且提供各式各樣自己就能愉快實踐的方法。未來社會的永續性就在於如何解決全球氣候危機問題，這就是必須閱讀這本書並加以實踐的原因。推薦給兒童們，也推薦給所有成年人！

**太暎哲（錦山甘地學校前任校長，宇宙高中現任校長）**

我們生活在垃圾危機的時代，到處都是垃圾堆積如山，流向海洋的塑膠垃圾造成海洋生物痛苦不堪。為了解決垃圾問題，消費者需要有正確的認識。有人抱怨難道還得學習垃圾分類法嗎？當然要學習。就像我們乘坐汽車會自動繫上安全帶一樣，每個人都應該習慣如何正確地分類和丟棄垃圾，這就是兒童環境教育之所以重要的原因。希望能通過《1天1項環保挑戰，與孩子一起打造永續地球》這本書，有愈來愈多斥責成年人的「童貝里」出現。

**洪秀烈（資源循環社會經濟研究所所長，《那不是垃圾》作者）**

**爸爸、媽媽**
從身體力行守護環境的
葡萄柚和木瓜身上
學到了很多東西。

**木瓜**
葡萄柚的弟弟，食量很大。
雖然常和葡萄柚吵架，
但葡萄柚做什麼也會跟著一起做。

**葡萄柚**
綁著辮子的女孩，
雖然是個好奇心旺盛的小淘氣，
但在生活中持續身體力行
保護地球環境。

**朋友們**
和葡萄柚、木瓜一起
守護環境的朋友。

## 1天1項環保挑戰，請這樣靈活運用！

觀察並了解發生問題的情況。

木瓜上完廁所之後馬桶就堵住了！
怎麼會發生這種事情呢？
找出最合適的拼圖碎片用○圈起來，並且了解原因！

跟著遊戲找出問題的原因。

糞便　小便　衛生紙　濕紙巾

說明解決環境問題的方法。

丟在馬桶裡的東西會通過下水道流到汙水處理廠，
拋棄式的濕紙巾不會溶解在水裡，所以經常會堵塞下水道。
馬桶裡只能丟小便、糞便、可溶解的衛生紙喔！

30

小小環境守衛隊

**如果把1年期間喝的水瓶排起來有多長？**

全世界的瓶裝水銷量逐年成長，以韓國為例，韓國每人平均1年要喝掉36瓶1公升裝的瓶裝水，大部分瓶裝水是將地下水裝進塑膠瓶裡銷售，方便人們隨時隨地飲用。但如果考慮到每次喝完便丟棄的塑膠瓶，就知道這是一個不利於地球的選擇。參考上述，如果把韓國1年期間喝完丟棄的塑膠瓶排列起來，長度可以繞地球1,000圈（地球一圈為42,000公里）。



37

藉由環境小故事自然而然地學習環境知識，並思考身體力行的方法。

# 目次

## 天空公園隱藏的祕密

## 如果水消失的話？

## 尋找令人費解的電

## 模範吃播王

## 到學校上課



## 出動！海洋搜查隊

## 火熱的地球大探險



## 來自森林的邀請函

## 可疑的動物園

# 天空公園隱藏的祕密

呼呼大睡！
這裡是書山
書山
救命呀！
惡鬼山
蟲子山
討厭的蟲子!!
想知道祕密，
就跟著媽媽走！

## 天空公園所在的是什麼山？

在天空公園入口處，媽媽要葡萄柚找找看是在什麼山。
山的真面目是什麼？跟著葡萄柚一起爬梯子看看吧！

天空公園是由首爾20年來所排出的垃圾堆積而成的。
我們丟棄的垃圾不會憑空消失，而是埋在地裡或焚燒掉。
如果不想再製造更多的垃圾山，就必須減少垃圾。

＊首爾「天空公園」是由垃圾場經過填埋修建而成的生態公園。

## 減少垃圾的方法

為了不製造垃圾，有些東西就不能使用。是哪些東西不能使用呢？
和葡萄柚一起解開密碼找找看吧。

**密碼解讀表**

| 2 | 4 | 6 | 8 | 10 | 12 | 14 | 16 | 18 | 20 | 22 | 24 |
|---|---|---|---|---|---|---|---|---|---|---|---|
| ˊ | ˇ | ˙ | ˋ | ㄅ | ㄆ | ㄋ | ㄇ | ㄉ | ㄢ | ㄥ | ㄞ |
| 26 | 28 | 30 | 32 | 34 | 36 | 38 | 40 | 42 | 44 | 46 | 48 |
| ㄗ | ㄒ | ㄨ | ㄍ | ㄊ | ㄩ | ㄝ | ㄌ | ㄔ | ㄤ | ㄙ | ㄧ |

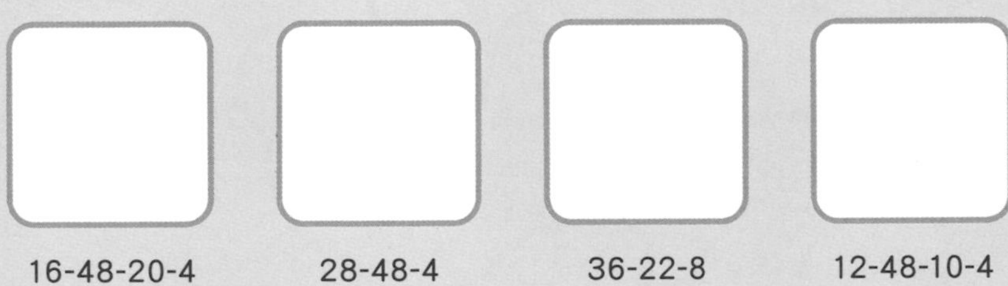

16-48-20-4　　28-48-4　　36-22-8　　12-48-10-4

為了不製造垃圾，不要使用只用過一次
就變成垃圾的「免洗用品」。再見啦！免洗用品～

訂炒麵外送時應該說的話

葡萄柚肚子餓了，於是打電話訂炒麵外送。

不過在訂炒麵時要記得說某句話。

葡萄柚說了什麼話呢？跟著麵條找找看吧！

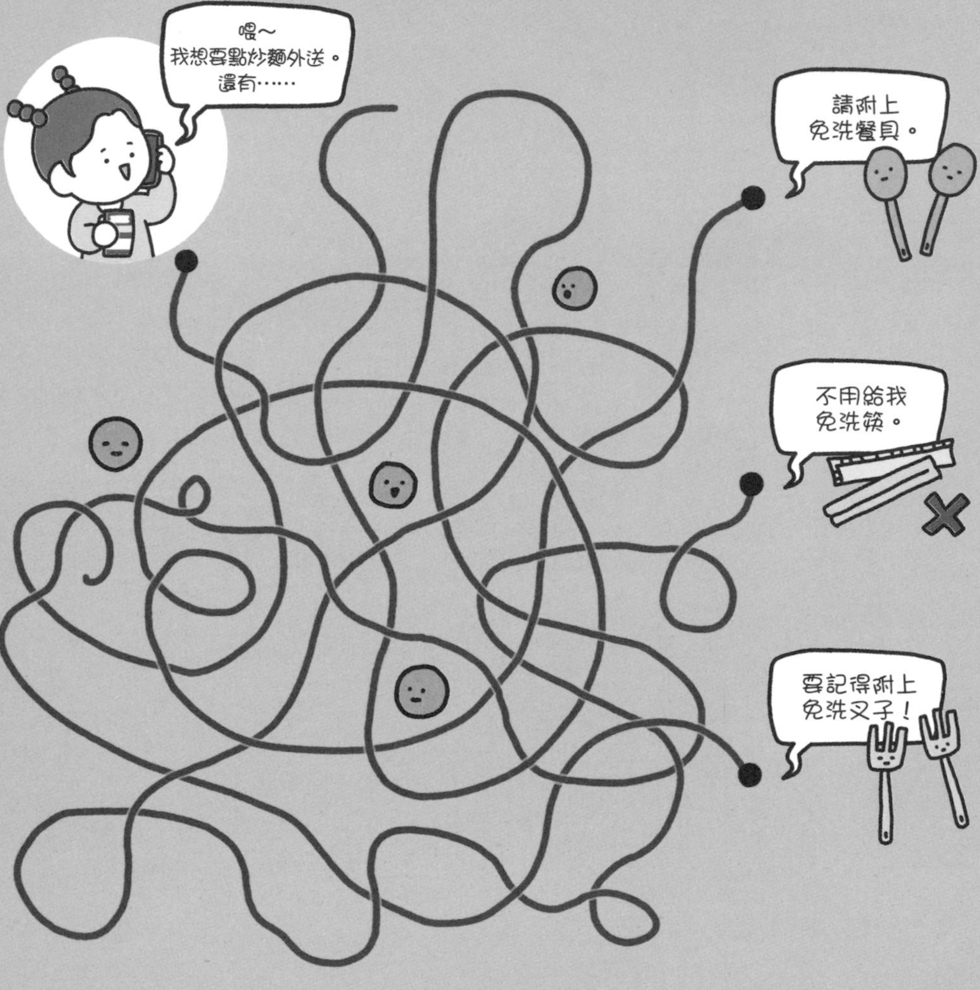

喂～
我想要點炒麵外送。
還有……

請附上
免洗餐具。

不用給我
免洗筷。

要記得附上
免洗叉子！

使用家裡的筷子和叉子來代替只能用一次的免洗餐具吧！

吃冰淇淋的時候也要用家裡的湯匙來取代塑膠湯匙喔！

我不使用免洗用品

葡萄柚正吃著炒麵時，媽媽一臉擔心地看著餐桌。

找出2張圖中不一樣的3個地方，在下方的那張圖上用○圈起來。

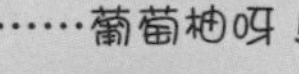

葡萄柚呀！不使用濕紙巾、紙杯、塑膠吸管的話，
就可以減少垃圾，地球也會很高興的。

## 吃完炒麵為什麼會得到稱讚？

吃完美味的餐點之後，葡萄柚得到了媽媽的稱讚。
找出正確的拼圖碎片，用〇圈起來，
看看葡萄柚為什麼得到媽媽的稱讚吧！

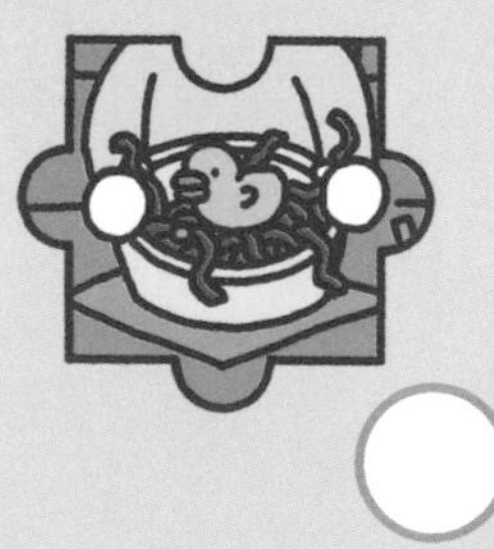

葡萄柚把炒麵都吃光了，
食物沒吃完就會變成廚餘，汙染環境，
所以我們都要像葡萄柚一樣把食物吃光光！

去市場時一定要帶的東西

葡萄柚要去市場幫媽媽跑腿，媽媽把一樣東西放在了葡萄柚手上。

按照數字由小到大的順序將圓點連起來，看看媽媽給的東西是什麼！

葡萄柚呀，
別忘了帶這個！

19 20 14 18 13 1 15 10 2 9 17 16 12 11 8 3 4 7 5 6

沒問題！

答案就是環保購物袋！

當作購物袋使用的塑膠袋要花上100年才會腐爛。

而且塑膠袋流進大海的話，吞下了塑膠袋的海豚會因此死亡。

所以我們去買東西的時候，一定要記得帶環保購物袋喔！

**找出合適的回收分類箱！**

今天是葡萄柚家附近資源回收的日子，
和葡萄柚、木瓜一起把各種可以回收利用的資源放進分類箱吧！

購買有環保標章的商品
可以參加環保集點，
並到指定商家或場所
兌換環保產品或優惠！

＊行政院環境保護署 環保集點：https://www.greenpoint.org.tw/GPHome/

牛奶盒　　玻璃瓶　　飲料罐　　報紙

可以重新使用的資源回收品上會有所謂「回收標誌」。
資源回收品必須先倒掉容器內殘留物，再用水清洗晾乾之後，
放進分類箱才可以回收！不然又會被當成垃圾。

## 氣球飛走後會發生什麼事情？

# 木瓜不小心讓抓在手裡的氣球飛走了。

# 飛上天的氣球會到哪裡去呢？跟著氣球飛走的路線看看吧！

飛走的氣球掉落在森林、河川、海洋裡的話，
動物會將氣球當成食物吃下去，甚至會因此死亡。
用別的玩具來代替氣球，好嗎？

**找出對環境不好的玩具！**

葡萄柚收到了祕密情報，

指出這些玩具裡面有對環境有害的玩具。

按照提示找出是哪個玩具！

1. 在兔子布偶旁邊。
2. 不在小木偶旁邊。
3. 在土黃色黏土玩偶上方。

製作玩具使用的塑膠材料大部分都不能回收，對我們的身體也不好。
以後就玩布製或木製的玩具吧！

葡萄柚很用心地在做玩具。

按照圖片上的數字塗上對應顏色，完成漂亮的玩具吧！

1
2
3
4

親手做的
更特別。

利用身邊的布料、紙、黏土做出獨一無二的玩具吧。

在布料上畫好圖案裁剪下來，再用線縫好後塞入棉花，布偶就完成了！

和二手商品做朋友

葡萄柚想在附近的跳蚤市場買自己需要的物品。

找出葡萄柚需要的３件物品，用〇圈起來。

在跳蚤市場購買別的小朋友不需要的物品，
或把自己不用的東西賣掉，也是一種保護環境的方法。

## 人們從什麼時候開始使用塑膠袋？

1982年美國一家大型超市最先開始使用塑膠袋，據說當時還得向顧客解釋如何使用塑膠袋。然而40多年後的今天，我們已經使用了太多的塑膠袋，使用後丟棄的塑膠袋有的漂浮在海面上，有的掛在樹上。漂浮在海面上的塑膠袋模樣就像水母，有時會被魚一口吞下去，魚就會因此而死亡。

我們使用起來輕鬆方便的塑膠袋，卻需要花100多年的時間才會腐爛。在肯亞，因為塑膠袋堵塞了下水道，只要一下雨整座城市就會浸泡在水裡，於是禁止使用塑膠袋。許多國家都在尋找減少使用塑膠袋的方法，譬如在丹麥每次使用塑膠袋就必須繳納稅金，而台灣也於2002年起逐步推動限塑政策，部分店家不再主動提供免費塑膠袋。

## 最早出現的塑膠玩具是什麼？

在1950年代以前，塑膠只用於製造降落傘、軍帽等。第二次世界大戰結束之後，塑膠才開始使用於新的領域，那就是玩具。最早是在1957年美國以塑膠製造呼拉圈，深受人們的喜愛。接著在1958年製造樂高玩具、1959年製造芭比娃娃，從此開啟了塑膠玩具的時代。但是塑膠玩具會成為不會腐爛的垃圾，幼兒若是啃咬玩具也會對健康造成危害。

## 廢棄物回收分類

物品用完丟棄的時候，一定要確認能不能回收再利用。

### 紙類廢棄物分類法

用過一次的紙可以重新製造成「再生紙」，但重點是回收的必須是乾淨的紙。如果是紙箱，要先撕除所有黏貼在表面的膠帶；如果是筆記本，則要先拿掉線圈或鐵芯。另外，黏有膠膜的紙不能回收利用，只能當作普通垃圾扔掉。使用再生紙就可以不用砍樹製造紙漿，還能減少垃圾。

### 塑膠類廢棄物分類法

塑膠根據用途的不同有很多的種類，常用來製造飲料瓶的透明寶特（PET）瓶，在塑膠類廢棄物之中最適合回收再利用。寶特瓶要撕掉標籤，沖洗乾淨之後單獨回收喔！

### 廚餘會去哪裡？

食物沒吃完就會變成廚餘，廚餘主要會在乾燥等處理之後送去製造飼料或堆肥，若是有無法做成飼料的貝殼、動物骨頭之類的廚餘就要當作一般垃圾丟棄。而且廚餘裡水分太多的話，乾燥時需要耗費大量的能量，所以食物盡量不要剩下來，外皮可以吃的水果最好連皮一起吃。

# 如果水消失的話？

唉唷～！
身體好癢～。
嗡～～
這樣子怎麼去上學？
咳咳，
喉嚨好乾！
嗡～
嗡～

不行啦～～
到哪裡才能找到水？

水在哪裡？

## 我們使用的水在哪裡呢？
## 跟著葡萄柚到迷宮裡找找看！

我要水～。

出發

凍成冰了
不能喝。

太鹹啦～！

太深了，
取不出來。

終點

地球上的水有97%是海水，只有3%是我們可以使用的水。
但是，假設可以用的水是100滴的話，其中有69滴結凍、
30滴則在地底下，我們可以使用的水只有1滴。

## 大自然給我們的1滴水

### 我們可以使用的1滴水是從哪裡來的呢？
### 按照提示解開謎題，猜猜水從哪裡來吧！

第一個字是
空氣中的水蒸氣遇冷
凝結而降落的
小水滴。

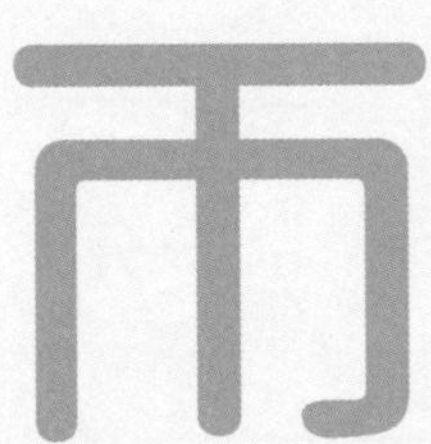


亅

第二個字是和空氣一樣
都是生物生存
不可缺少的透明液體。

我們可以使用的1滴水來自雨水，
雨水落在河川裡，集中之後才送到家裡來。
好不容易才來到我們家的水，是不是應該節約使用呢？

## 廁所馬桶為什麼會堵塞？

木瓜上完廁所之後馬桶就堵住了！

怎麼會發生這種事情呢？

找出最合適的拼圖碎片用〇圈起來，並且了解原因！

糞便

小便

衛生紙

濕紙巾

丟在馬桶裡的東西會通過下水道流到汙水處理廠，
拋棄式的濕紙巾不會溶解在水裡，所以經常會堵塞下水道。
馬桶裡只能丟小便、糞便、可溶解的衛生紙喔！

準備好漱口杯

葡萄柚正在上上下下地把牙齒刷乾淨。

找出下方2張圖中不一樣的2個地方，在右邊的圖上用○圈起來。

刷牙的時候，如果打開水龍頭讓水一直流會浪費掉很多水。
用漱口杯就能裝取適量的水，可以節約水資源。

用來洗碗的植物

老師說，只要能解開密碼，
就可以得到能讓河川保持乾淨的禮物。
和葡萄柚一起解開密碼吧！

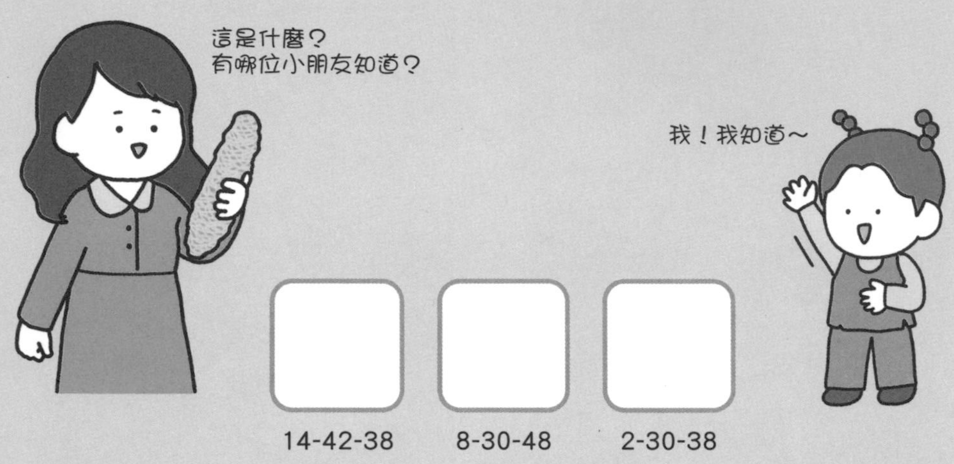


14-42-38　　8-30-48　　2-30-38

密碼解讀表

| 2 | 4 | 6 | 8 | 10 | 12 | 14 | 16 | 18 | 20 | 22 | 24 |
|---|---|---|---|---|---|---|---|---|---|---|---|
| ㄅ | ㄈ | ㄐ | ㄍ | ㄣ | ㄆ | ㄘ | ㄇ | ㄉ | ㄓ | ㄥ | ㄞ |
| 26 | 28 | 30 | 32 | 34 | 36 | 38 | 40 | 42 | 44 | 46 | 48 |
| ㄗ | ㄒ | ㄨ | ˊ | ˇ | ˙ | ˋ | ㄌ | ㄞ | ㄤ | ㄙ | ㄚ |

外形像大黃瓜的植物叫做「絲瓜」（也叫「菜瓜」），曬乾之後就能當成洗碗用的天然菜瓜布。絲瓜做成的天然菜瓜布不會汙染河川，是非常好的植物。

## 洗米水和盥洗用水回收使用的方法

放學回家的葡萄柚對著爸爸和木瓜大喊：「等一下！」

發生了什麼事呢？在空白的地方塗上顏色後想想看吧！

洗米的洗米水和洗臉的盥洗用水不要隨便倒掉。
將水留下來，洗碗或洗抹布的時候再拿來使用一次，就可以節約用水。

## 什麼是儲雨桶？

葡萄柚到外婆家玩，在樓頂上摘了生菜、辣椒和番茄。

不過外婆是怎麼給這座菜園澆水的呢？

按照數字順序將圓點連起來，找找看答案吧！

外婆家的樓頂上有一個每當下雨就能將雨水收集起來的儲雨桶。
外婆就是用這些水給菜園澆水，打掃樓頂的。

水資源回收利用

## 從外婆家回來的路上，葡萄柚在休息站上廁所。可是馬桶裡的水就像黃泥巴水一樣，為什麼呢？沿著管線看一看，是什麼水變成了休息站沖馬桶的水吧！

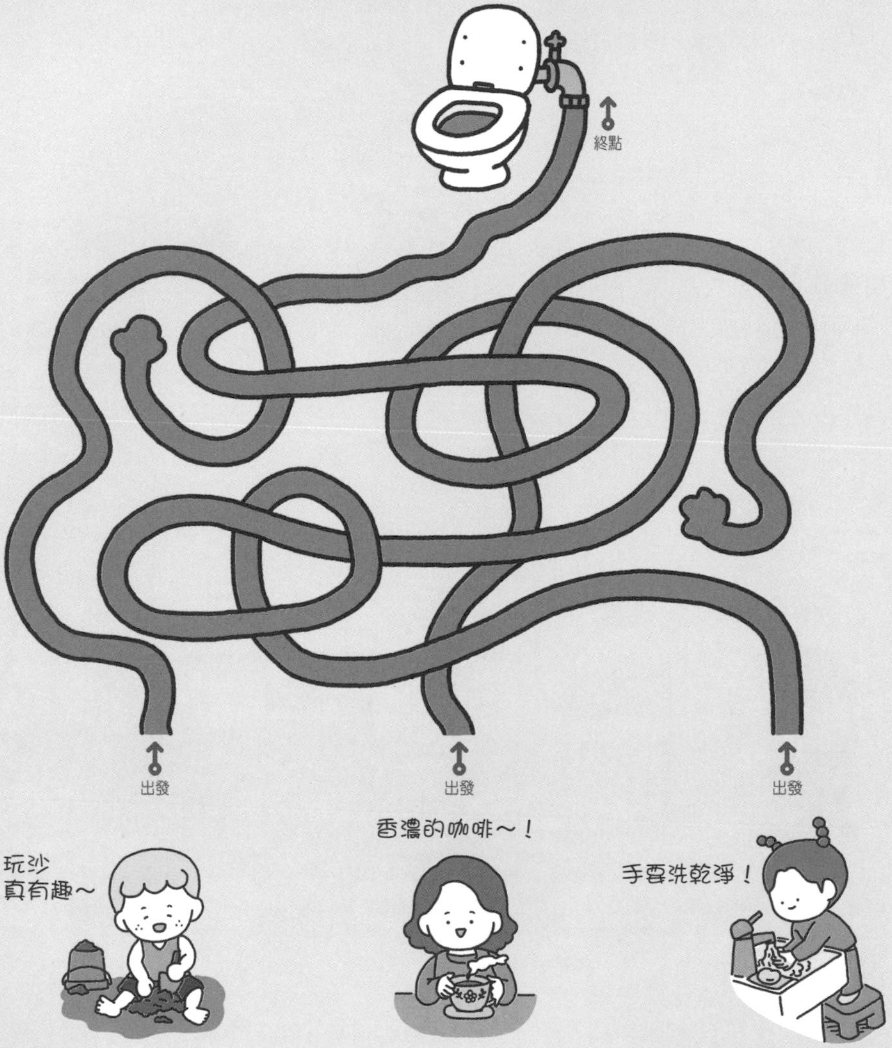

終點

出發

出發

出發

玩沙
真有趣～

香濃的咖啡～！

手要洗乾淨！

有些休息站廁所沖馬桶的水不是自來水，而是回收洗手台用過的水或是雨水，淨化後再利用。我們也要努力節約用水喔！

## 猜猜看是哪一種飲料？

木瓜突然喊住葡萄柚，出了一道謎題。

按照提示，猜猜正確答案！

姊姊，妳知道除了茶之外，
台灣銷量最多的飲料
是什麼嗎？

我想想……。

1. 不在可樂的旁邊。
2. 在牛奶的旁邊。
3. 在柳橙汁的旁邊。

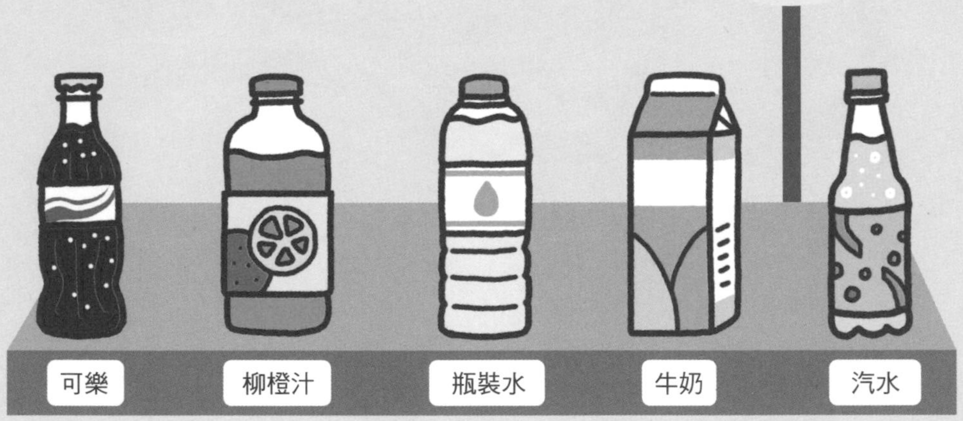

台灣銷量第二多的飲料是瓶裝水，但是瓶裝水的塑膠瓶卻會汙染環境。台灣的自來水乾淨、易取得，只要經過煮沸或過濾處理就可以安心飲用。所以比起買瓶裝水，最好還是利用方便的自來水！

## 如果把 1 年期間喝的水瓶排起來有多長？

全世界的瓶裝水銷量逐年成長，以韓國為例，韓國每人平均 1 年要喝掉 36 瓶 1 公升裝的瓶裝水，大部分瓶裝水是將地下水裝進塑膠瓶裡銷售，方便人們隨時隨地飲用。但如果考慮到每次喝完便丟棄的塑膠瓶，就知道這是一個不利於地球的選擇。參考上述，如果把韓國 1 年期間喝完丟棄的塑膠瓶排列起來，長度可以繞地球 1,000 圈（地球一圈為 42,000 公里）。

**× 1,000圈**

## 雨水來到我們家的過程

雨水落入河川裡成為河水時，河川上游的水就會被積聚起來，經過淨水過程過濾掉雜質，以及消毒過程去除微生物之後，再通過供水設施送到家庭用的自來水管，所以我們才能隨時輕鬆地用水。

但是，過去沒有這樣的設施，只能到井邊或泉水邊直接打水提回來，要洗衣服或洗碗就得到溪邊或河邊去洗。即使是現在，在沒有供水設施的國家裡，想要用水還是件很不容易的事。

## 家裡面用過不要的水會去哪裡？

流理臺或浴室裡的汙水會流到下水道，水通過汙水管進入汙水處理廠，再經過淨化程序將汙水淨化。但是，如果流進下水道的水中混合了塑膠、藥物和油脂的話，要淨化就很困難。沒有經過正常淨化的水，如果流入河川和海洋就會造成汙染。

**塑膠**

屬於塑膠類的史萊姆玩具不溶於水，塑膠微粒會一直殘留在水裡。

**藥物**

藥物成分會汙染河川，對生活在河川裡的生物造成不好的影響。

**油脂**

油脂類很難淨化，也不溶於水，而且會凝固堵住下水管道。

## 阻塞大小便通道的拋棄式濕紙巾

大小便以後沖馬桶的水會集中到化糞池中，然後經過下水管道在汙水處理廠淨化之後，才流入河川或海洋。也就是說，馬桶最後會連接到河川和海洋。但是，馬桶內除了尿液、糞便和衛生紙之外，如果還丟了其他的東西進去，就會阻塞通往汙水處理廠的通道，尤其是令人傷腦筋的拋棄式濕紙巾。

拋棄式濕紙巾不是紙，所以不會溶在水中，不僅阻塞下水管道，就算能通過下水管道，也會糾結成團，造成汙水處理廠的機械故障。所以清理人員必須一天好幾次直接進到骯髒的汙水處理廠裡撈出一團團拋棄式濕紙巾。

## 什麼是真正環保的菜瓜布？

絲瓜（菜瓜）這種植物只要把果實曬乾，剝去外皮，就會出現質地細密而表面粗糙的網狀物。把這種網狀物切開，就能當成洗碗用的菜瓜布。如果使用以壓克力絲製成的菜瓜布洗碗的話，會從菜瓜布裡掉出非常微小的塑膠微粒流入下水管道中汙染水質。

還有，洗碗時使用的合成洗碗精也含有大量汙染水質的成分，所以應該盡量使用洗碗皂。

# 尋找令人費解的電

姊姊妳在說什麼呀？
!
這個是貝殼化石啦。

木瓜，
讀讀這本書！
咦咦？
?

化石的變身

## 很久很久以前被埋在地下和海洋裡的生物變成了什麼呢？
## 從下方的爬梯子遊戲，看看魚類和植物化石會變成什麼吧！

據說我們現在享受的能源
都是來自這些生物。

哇，真的嗎？

魚類化石　　植物化石

煤炭　　？　　糞便　　石油

生存在數億年前的生物們，如果在地底下長期受到高溫、高壓的話，
就會形成煤炭和石油等化石燃料。

化石燃料可以用在哪裡呢？

按照數字塗上對應的顏色，找出正確答案！

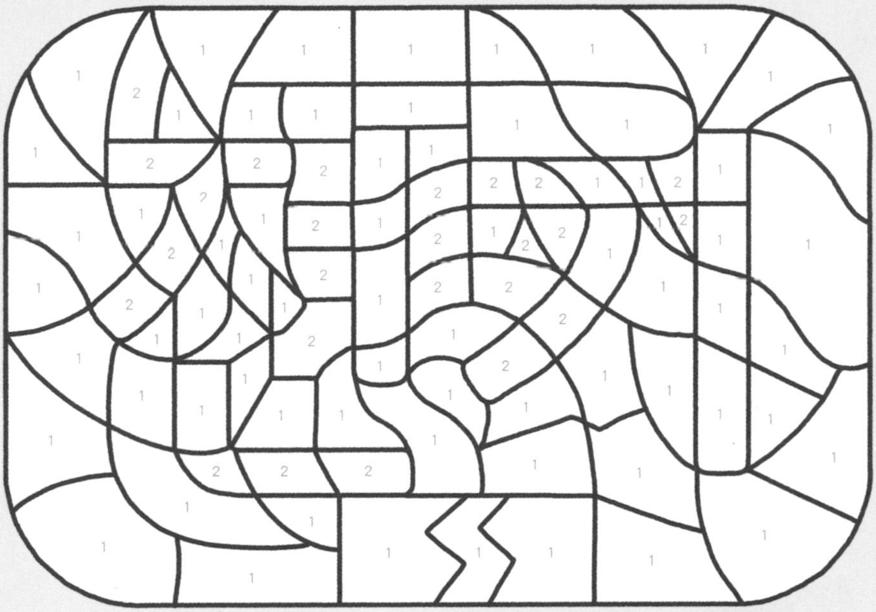

劈哩啪啦！

火力發電廠會燃燒煤炭和石油之類的化石燃料來發電。
但是火力發電廠在發電的過程中，會釋放出大量溫室氣體和懸浮微粒汙染環境。

## 水力、太陽能和風力發電

利用大自然也可以產生電能。

在下方畫線連連看，找出利用水、太陽、風的發電廠！

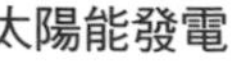

風力發電

水力發電

利用太陽光的太陽能發電、利用風的風力發電、
還有利用水的水力發電，都可以產生電能。
這些能源也稱為再生能源。

葡萄柚想用大量的電，
讓我們經過各種發電廠走到終點，
看看大量用電會發生什麼事情！

即使是以太陽能或風力等再生能源發電，
使用的過程中仍然會危害環境。
所以節約用電比大量生產電能更重要。

## 尋找需要用電的物品

家庭中有許許多多需要使用電力的物品。

和葡萄柚、木瓜一起找出家裡有哪些會用到電的物品吧！

有了電，讓我們可以使用許多過去沒有的器具。
生活也因此變得更加便利。

製作一份自己家裡的電器用品清單，

並且寫下各種電器用品的「耗電量」吧？

| 電器用品 | 耗電量 |
| --- | --- |
| 冰箱 | 24.9kWh |
| 電視 | |
| 電鍋 | |
| 電風扇 | |
| | |
| | |

## 減少用電量的方法

葡萄柚一家人決定節約用電，他們應該怎麼做呢？

找出2張圖中不一樣的3個地方，在下方的那張圖上用〇圈起來。

不用洗衣機改用手洗衣服；打掃的時候，不用吸塵器改用掃把和畚箕；改用磨泥器等取代攪拌機、果汁機等來處理蔬果，以節省電力！

我家冰箱用電的祕密

## 葡萄柚家冰箱運轉的電力來源放在陽台。

## 那是什麼電呢？按照數字順序將圓點連起來猜猜看吧！

非常涼快！
over。

冰箱運轉
順利嗎？
over。

我家的冰箱是用小型太陽能發電機來發電運轉的。
有了小型太陽能發電機，就可以減少蓋大型發電廠
將電力送到我家的困難過程。

揪出浪費的電力！

節約用電，用「節電廠」來代替「發電廠」如何？
找出家中浪費掉的電，用○圈起來，
每找到 1 個，就在下面電池空白處用彩色筆塗滿 1 格！

使用有節能標章的產品、不使用的電器用品拔掉插頭、
減少使用保溫功能、冰箱只使用60%的空間！
節能省電就能少建幾座發電廠。

## 使用空調的方法

葡萄柚的媽媽在客廳休息。啊！但是有個問題。

是什麼問題呢？從2張圖中找出不一樣的4個地方，

在下方的圖上用〇圈出來！（葡萄柚和媽媽除外）

媽媽，空調溫度要固定在26℃，配合電風扇一起使用，窗戶要拉上窗簾遮擋陽光！窗戶旁邊可以種植牽牛花或絲瓜之類的爬藤植物來遮蔽熾熱的太陽光，以此降低室內溫度也是避免暑熱的聰明方法。

行動電話電磁波問題

木瓜想用爸爸的行動電話，
但是行動電話設定了密碼。
試著在葡萄柚的幫助下解開密碼吧！

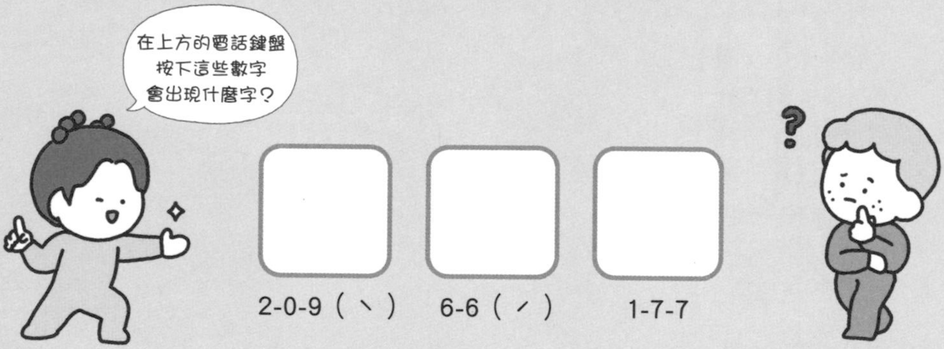

沒那麼容易
解開啦～。

木瓜呀，給你提示。
想要第2個音就按2次。

好好玩！

|  |  |  |
|---|---|---|
| 1 | ㄅㄆㄇㄈ | @ . , |
| 2 | ㄉㄊㄋㄌ | ABC |
| 3 | ㄍㄎㄏ | DEF |
| 4 | ㄐㄑㄒ | GHI |
| 5 | ㄓㄔㄕㄖ | JKL |
| 6 | ㄗㄘㄙ | MNO |
| 7 | ㄚㄛㄜㄝ | PQRS |
| 8 | ㄞㄟㄠㄡ | TUV |
| 9 | ㄢㄣㄤㄥㄦ | WXYZ |
| * | | |
| 0 | ˉ ㄧㄨㄩ ˇ | |
| # | ?! | |

在上方的電話鍵盤
按下這些數字
會出現什麼字？

2-0-9（ˋ）　6-6（ˊ）　1-7-7

木瓜呀，等一下！電子產品會發出我們眼睛看不到的電磁波。
小孩子的身體比大人小，會吸收更多的行動電話電磁波危害健康，
所以手機在必要時短暫地使用一下就好。

行動電話使用說明書

葡萄柚和木瓜打算製作一份行動電話使用說明書。

請選擇說明書空白處該放進哪一張圖，並填入適當的號碼。

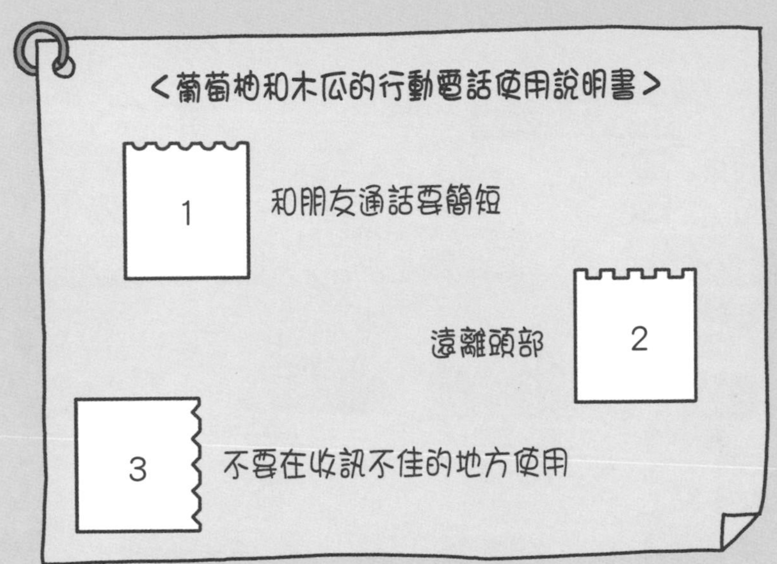

我引以為傲的孩子們！爸爸也向你們承諾一件事。

行動電話同樣是以珍貴資源製造而成的，為了保護環境，

爸爸一台行動電話會用很久，不會經常更換。

## 躲開電子垃圾怪物！

葡萄柚夢到被電子垃圾怪物追趕的惡夢。
葡萄柚該如何在迷宮裡找到出口擺脫怪物們呢？

用過之後廢棄的電子產品如果沒有好好處理，
就會排出各種有毒的化學物質和重金屬汙染地球，
也會危害人類的健康。

## 清理電子郵件

葡萄柚想起了夢中顯示器怪物說的話，便打開電子郵件信箱。
一起刪除一封封的電子郵件，實現怪物的願望吧！

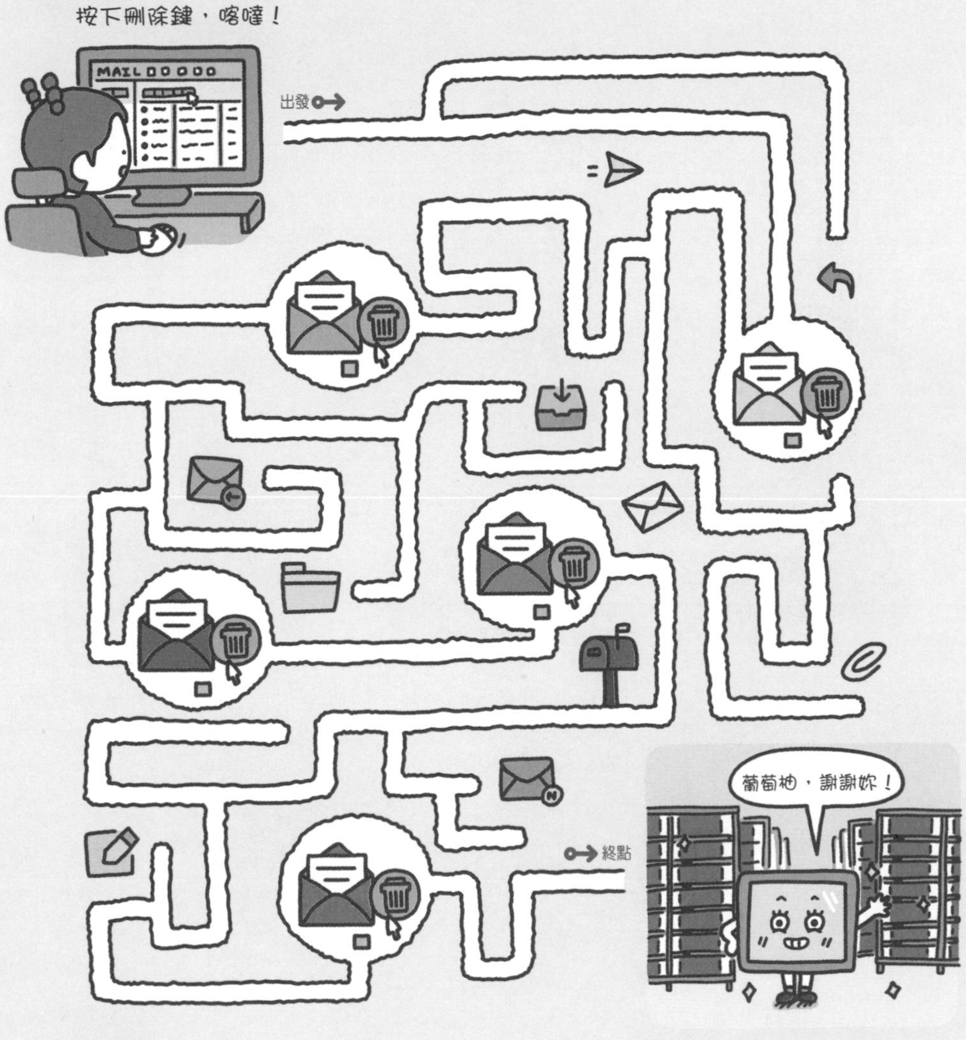

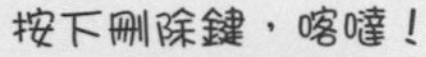

網路資料會被儲存在一個稱為「資料中心（data center）」的地方。
當需要儲存的訊息太多時，資料中心因為必須不停地工作，
會需要大量的電力。就從我開始做起，減少電子郵件以節省電力吧！

可以省電的貼身內衣

葡萄柚的朋友被偷走了東西，正哭個不停。

那東西是冬天的必須物品。

和葡萄柚一起找找看吧！

1. 在會發熱的東西旁邊。
2. 不在小熊玩偶的旁邊。
3. 在可可的上方。

小熊玩偶

拋棄式暖暖包

衛生衣褲

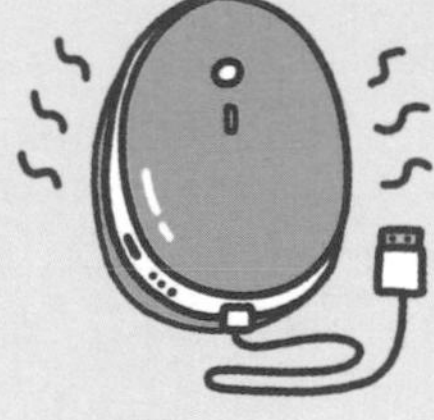
電懷爐

裝在免洗杯裡的可可

衛生衣褲可以提高約 2.5℃的體溫，是冬天必備的物品。
拋棄式暖暖包和電懷爐會汙染環境，盡量不要使用。

不要打擾黑夜

嗡！時鐘的報時聲響起，葡萄柚和木瓜開始行動！
按照數字順序將圓點連起來，看看葡萄柚做了什麼？

我來關燈。

我來點蠟燭。

每到3月的最後一個星期六晚上8點30分，
地球村的各地會舉行地球一小時（Earth Hour）的關燈節能活動。
不妨趁著關掉電燈，點上蠟燭後，思考看看我們所使用的能源。

## 能源轉型已經開始

自從興建了以化石燃料發電的火力發電廠之後，現代文明才有了長足的發展。大型工廠不斷興建，火車和汽車也增加了，還可以搭飛機快速抵達遙遠的地方。但是煤炭和石油是有限的資源，火力發電廠會導致氣候變遷，而核能發電廠則會發生放射能汙染事故。因此，全世界為了解決氣候變遷問題和避免放射能汙染事故，都致力於將能源轉換為再生能源。

## 行動電話內部金屬的祕密

製造行動電話時，必須使用各種不同的金屬，包括金、銀和鈷、鉭、鈀、鋰等。但是這些金屬的數量都是有限的，鈷和鉭之類的金屬主要產於非洲，大多數在開採金屬時會破壞野生動植物的棲息地。

在非洲剛果一帶，這種金屬會被壞人當成金錢使用，因此被稱為「衝突礦產」。如果經常更換行動電話的話，就會破壞許多野生動植物棲息地，也可能會因此增加壞人之間的衝突。而且，行動電話不可以任意丟棄，內部的金屬可以取出來重新利用，為了安全地處置，要送到指定的回收據點。

## 以節電廠運動代替發電廠

如果能以省電來代替發電的話，就可以減少發電廠的興建，所以在韓國，有些地方展開了「節電廠」運動，將平時節省下來的電量集中起來計算。

進行節電廠運動的人集結並分享如何省電的方法，也會思考是否有浪費電的地方，甚至還換成更能節省電力的設施，再將省下來的電費幫助生活有困難的人。

## 如果需要使用空調的時候怎麼辦？

因為氣候變遷使得天氣愈來愈熱，空調就成了生活必需品。但是炎炎夏日如果到處都同時使用空調的話，就會因為用電量突然暴增而發生停電事故。而且在決定是否興建發電廠時是以用電量最多的尖峰數值為根據，因此降低用電尖峰時間的用電量，才能減少發電廠的興建。雖然不得不使用空調，但也要聰明地使用。

# 模範吃播王

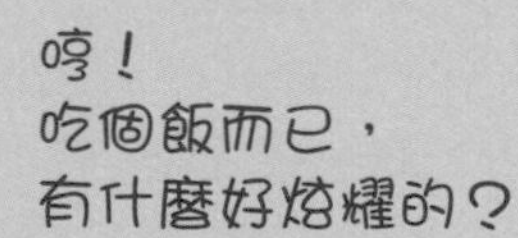

姊姊，
我得到模範吃播王獎了！

模範吃播王獎是什麼？

好乖好乖。
我們家木瓜真厲害！

啊～壓力好大！

**健康地紓解壓力**

# 因為木瓜，葡萄柚累積了不少的壓力，於是煩惱該怎麼消除這些壓力。跟著葡萄柚在迷宮裡尋找正確消除壓力的方法！

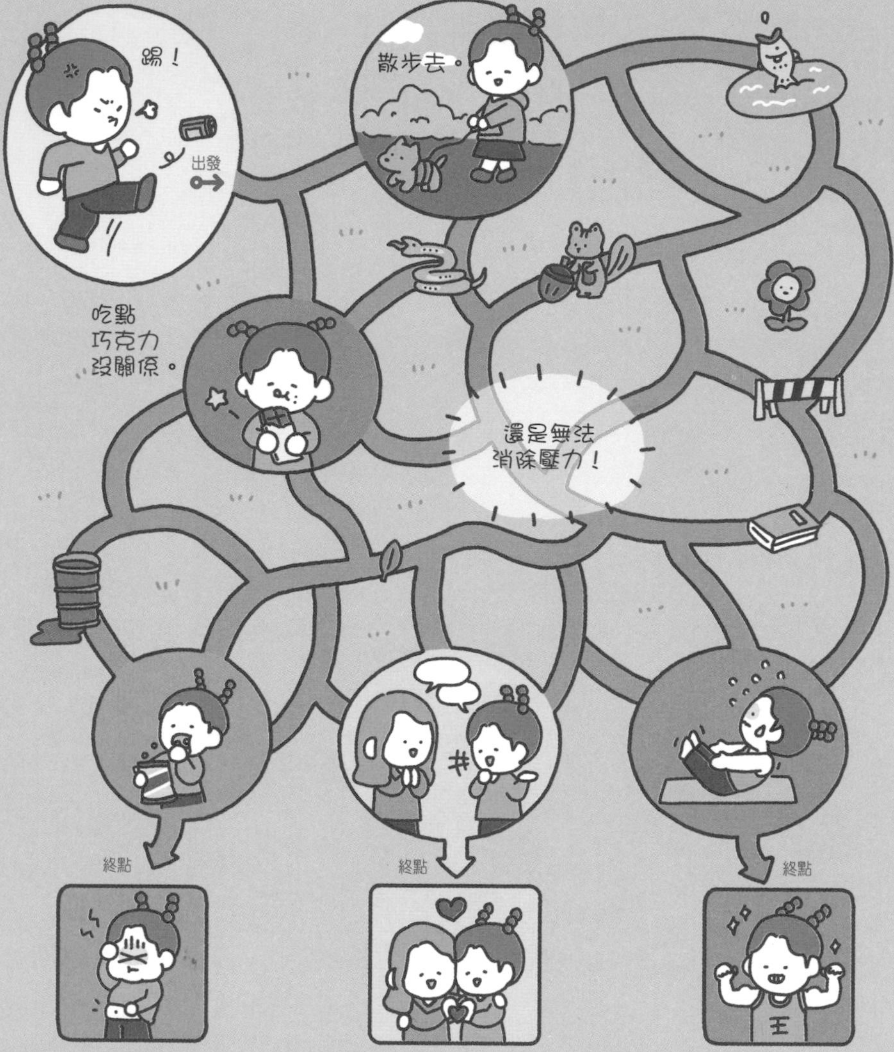

踢！

出發

散步去。

吃點巧克力沒關係。

還是無法消除壓力！

終點

終點

終點

姊姊，妳不能因為壓力大就拚命吃甜食，對健康不好！
妳可以和朋友聊聊天，或者去散步、運動來消除壓力！

## 週一無肉日的菜單

**美國知名歌手保羅·麥卡尼發起了「週一無肉日」的運動。**
**按照餐盤的說明找出適當的食物，並將號碼寫下來！**

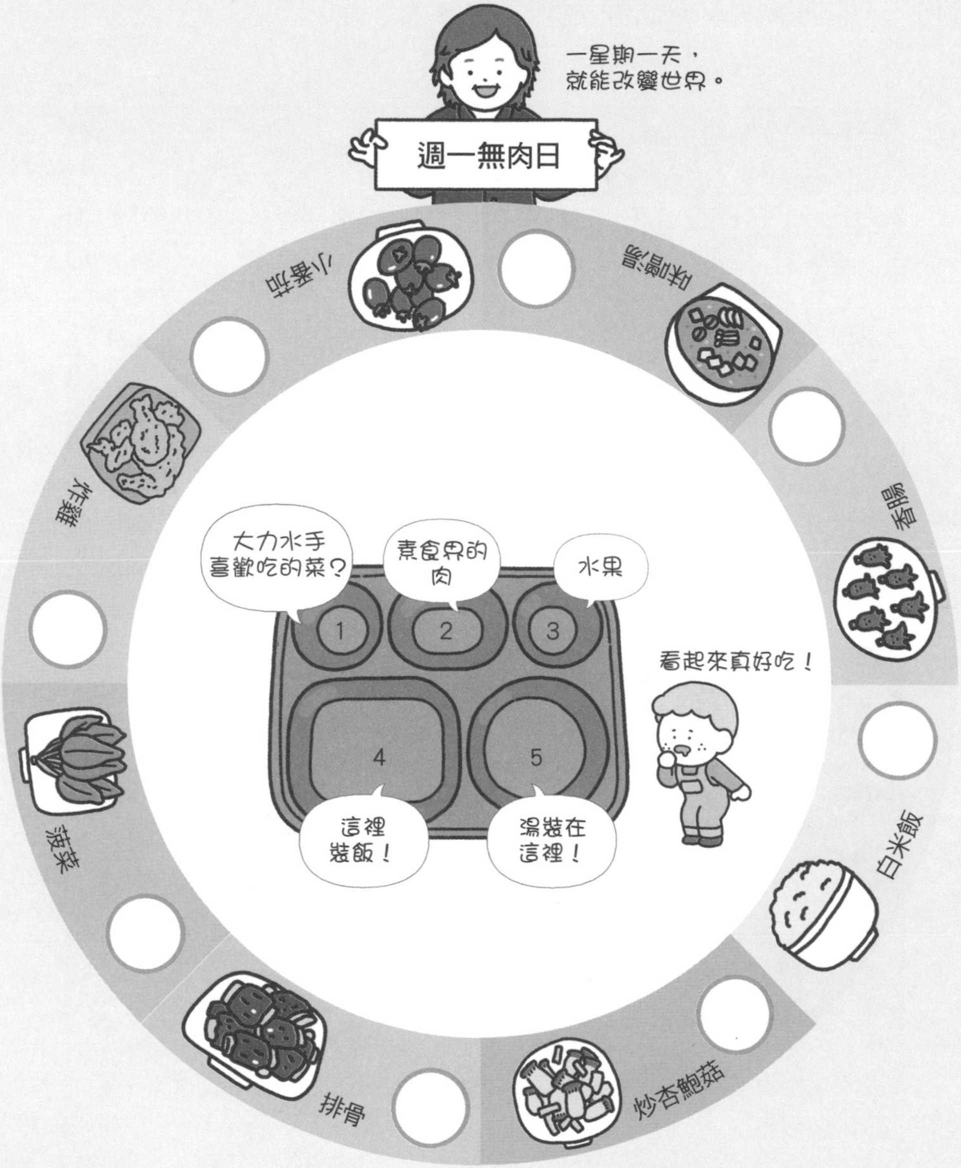

一星期一天，
就能改變世界。

週一無肉日

小番茄

味噌湯

香菇

白米飯

炒杏鮑菇

排骨

菠菜

炸雞

大力水手
喜歡吃的菜？

素食界的
肉

水果

1 2 3

4 5

這裡
裝飯！

湯裝在
這裡！

看起來真好吃！

因為我們吃的肉加劇了氣候變遷，
為了減少氣候變遷，將每週一定為不吃肉的日子如何呢？

## 購買健康的肉！

吃肉就要選擇健康的肉。

哪種肉是健康的肉呢？找出2張圖中不一樣的3個地方，

在下方的那張圖上用○圈出來。（葡萄柚除外）

在狹窄的空間裡長大的動物很容易生病，

有的飼主還會用藥加速動物生長。我們如果吃了有用藥飼養的動物肉品，藥的成分就會直接進入我們的身體，危害健康。

## 抓住放火燒毀亞馬遜森林的罪魁禍首！

# 有壞人進入亞馬遜森林放火，
# 找到這4名放火的人，抓住他們吧！

給我站住！

出發

終點

樹木很寶貴！

亞馬遜森林是地球上最大的森林。
但是壞人會把樹木砍伐一空，在這裡蓋牧場飼養動物、販賣肉品。實在太令人悲傷了！

吃健康的零食

葡萄柚和朋友，還有木瓜在吃零食。

這些零食吃完後會變成什麼樣子呢？

畫線連連看，並思考看看哪一種零食有為環境著想。

姊姊、哥哥！披薩和漢堡之類的速食
對我們的身體和環境都不好。
要像我一樣用在地生長的「慢食」當作零食喔！

## 食物里程愈低愈好

今天我們是大廚師！

要用食物里程低的食材來製作三明治。

找出食物里程低的起司、番茄、草莓果醬，並用○圈起來！

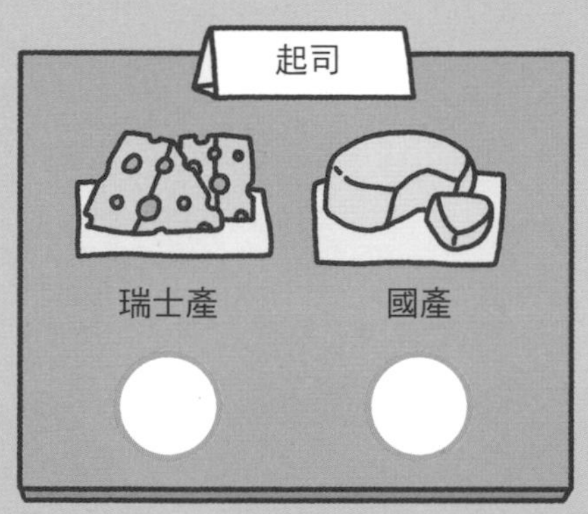


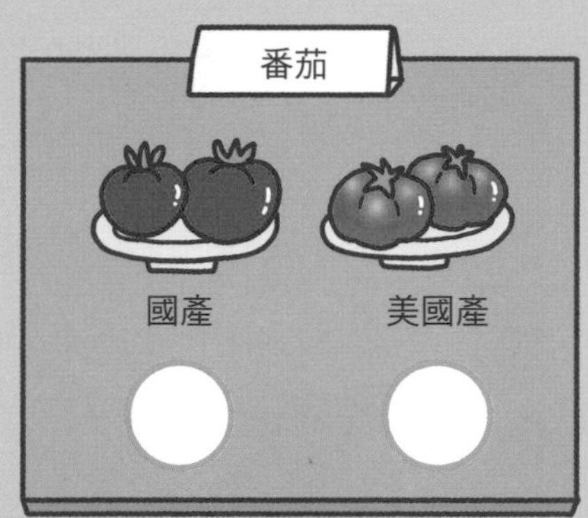


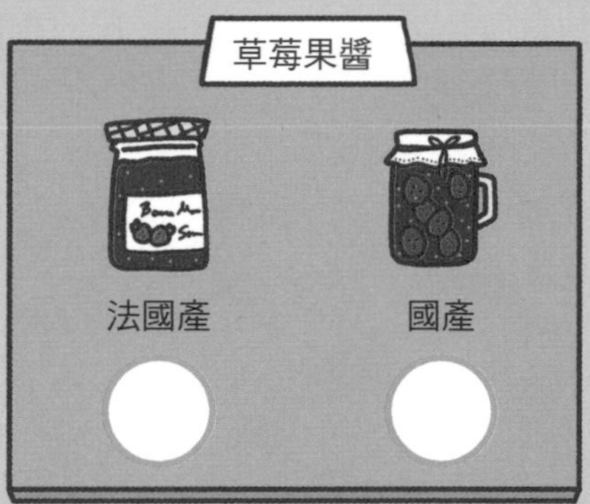

食物里程高代表食物來自很遠的地方，
路程中排放的溫室氣體會使得環境更加惡劣。
讓我們食用在地栽培的食物，一同守護環境吧！

酪梨引發的問題

葡萄柚愛吃酪梨，但是酪梨卻會加重環境汙染。
從下方找出正確的拼圖碎片，寫上對應的號碼，
試著理解原因吧！

為了大量種植酪梨，一年就有1,000個足球場這麼大的森林被改建成酪梨農場。而且酪梨生長時需要用到大量的水，因此造成當地人無水可用。

**購買公平貿易食品**

葡萄柚要去超市，爸爸請她幫忙購買公平貿易食品。
和葡萄柚一起找出隱藏的公平貿易食品吧！

公平貿易是支付合理的金錢給不破壞
該國自然環境的生產者，購買他們的商品。
公平貿易能讓所有人都開心，所以也稱為「善良的消費」。

均衡食用有色食物

想養成對環境好、對身體也好的飲食習慣，
就要均衡食用不同顏色的食物。
將下方的食物上色，看看是哪些優良的食物吧！

紅色食物

黃色食物

我是大力水手！

這是我喜歡的
鮮脆青花菜！

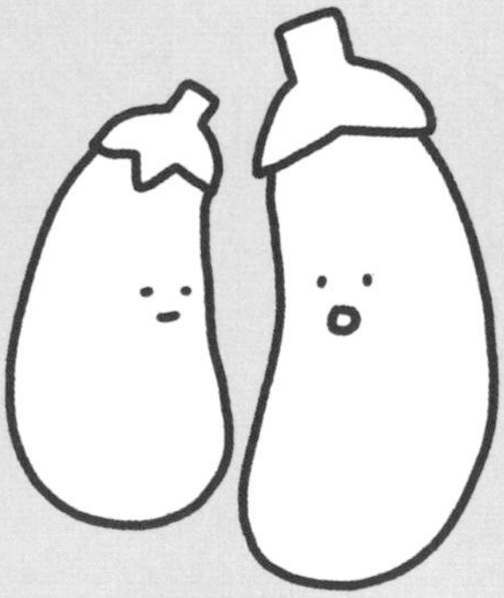

綠色食物

黑色食物

白色食物

我和姊姊一起遠離碳酸飲料和速食，
均衡食用當季食物，讓我們變得更健康！

不含合成添加劑的零食

為飲食健康的木瓜感到驕傲的葡萄柚準備了木瓜喜歡的禮物。
按照數字順序將圓點連起來，看看是什麼禮物吧！

木瓜呀，
這是我撿到的。

8
7
6
1
20
9
5
2
10
11
4
3
12

洋蔥口味
零食
100%有機農作物
無添加合成添加劑
健康的蔬菜粉末
有機加工
HACCP

19
13
18
14
17
16
15

這是我
最喜歡的！

吃零食也沒關係嗎？
想吃零食的時候最好挑選只含有少量合成添加劑的零食吃。

為什麼出現異位性皮膚炎？

葡萄柚看到朋友把手臂抓到流血嚇了一跳！
朋友說是異位性皮膚炎，為什麼會出現異位性皮膚炎呢？
解開下方的密碼看看吧！

| 6-48-38 | 26-38 | 26-38 | 12-48-10-40 |
|---|---|---|---|
| | | | |

密碼解讀表

| 2 | 4 | 6 | 8 | 10 | 12 | 14 | 16 | 18 | 20 | 22 | 24 |
|---|---|---|---|---|---|---|---|---|---|---|---|
| ㄅ | ㄈ | ㄐ | ㄢ | ㄣ | ㄆ | ㄋ | ㄇ | ㄉ | ㄓ | ㄥ | ㄞ |
| 26 | 28 | 30 | 32 | 34 | 36 | 38 | 40 | 42 | 44 | 46 | 48 |
| ㄗ | ㄒ | ㄨ | ㄍ | ㄊ | ㄩ | ˊ | ˇ | ˙ | ˋ | ㄙ | ㄧ |

異位性皮膚炎想早點痊癒，就要吃健康的食物、呼吸新鮮的空氣。小朋友，以後不要吃「即食食品」喔～！

保護菜園的蚯蚓

## 葡萄柚向朋友炫耀菜園，也把自己的好朋友介紹給他。爬爬梯子，找出葡萄柚的好朋友！

哥哥，我也介紹
我的好朋友給你～。

遇到拐角
就轉彎。

你好！

蚯蚓會把落葉分解成天然肥料。蚯蚓在地底下鑽來鑽去也能讓土裡的空氣流通，保持土壤健康，是令人感謝的菜園好朋友。

## 亞馬遜森林大火是肉品引起的嗎？

2019年夏天，發生在亞馬遜的森林大火延燒了超過1個月，有15%的森林遭到焚毀。亞馬遜是地球上最大的熱帶雨林地區，所謂熱帶雨林是指位於赤道周圍熱帶地方的森林。熱帶雨林因為是長年潮濕的森林，理所當然不太會發生自然的森林大火現象。然而此次亞馬遜森林大火是有人故意放火導致，原因就在於他們想燒掉樹木，改建農場。亞馬遜森林橫跨好幾個國家，其中占地最大的國家是巴西。巴西自1997年之後牛肉出口增加了10倍以上，而為了興建農場，亞馬遜森林已經有70%遭到破壞。

## 我們應該食用哪種肉品？

我們食用的肉品加劇了氣候的變遷，家畜排放的屁和打嗝、糞便中產生的甲烷就占了溫室氣體總量的15%，因此也有人乾脆不吃肉，實行素食主義。如果很難馬上戒掉肉食的話，也可以固定1週有幾天不吃肉。

將大量的動物關在窄小的空間裡餵食藥物和飼料，快速增肥的方式，被稱為「工廠化養殖」。相反地，有些農場則會把動物飼養在寬闊的空間，讓牠們可以踩著泥土和草地自由自在地行動，這種地方稱為重視動物福利的「友善飼養／生產」養殖場。如果要吃肉食，可以選擇這種肉品，對我們的身體、對家畜，以及對環境都有好處。

工廠化養殖

<

友善飼養／生產

## 速食 NO！慢食 YES！

速食是指快速烹調後快速吃完的食物，在漢堡店裡吃的食物就屬於典型的速食。速食雖然可以為忙碌的人們節省時間，但因為是將高熱量、低營養的食物裝在拋棄式容器裡，對於環境和健康都不好。為了對抗這類食物，開始有了慢食運動。慢食是指用傳統方法種植當季的健康食材，並在品嚐食物時感受料理者的心意。

## 食物里程愈高愈好嗎？

近年來我們可以吃到來自全世界的食物，譬如美國檸檬、智利葡萄、泰國芒果、中國白菜、越南草蝦等。為了像這樣將食品送到遙遠的國家，就必須大量製造生產，所以只好將森林或海洋改建成農場，以農藥來栽培。全世界的食物長程移動時所排放的溫室氣體，使得農業也成為造成氣候變遷的因素。

食物里程會告訴我們食物從產地到我們餐桌上的距離，食物里程愈高，表示溫室氣體的排出量愈多。相反地，食物里程愈低，則表示是在距離我們居住地較近的地方種植的在地農產品（英文是 local food）。

# 到學校上課

鬼……有鬼？
木瓜呀，哪裡？鬼在哪裡？
原來是姊姊啊？
妳為什麼不開燈？
在做什麼啦!!

要節約用電呀～
我在做禮物要送給
朋友～！

## 水要裝在哪裡？

出門上學前，葡萄柚有東西要放進書包裡。

按照數字順序將圓點連起來，看看是什麼東西吧！

裝些清涼的水帶去學校～。

塑膠水瓶不好，因為沒辦法用沸水消毒。

玻璃水瓶很容易摔碎。

漂亮的塑膠水瓶每次使用都會釋放出環境荷爾蒙或塑膠微粒，所以最好使用不鏽鋼保溫瓶。

吃營養午餐時的必備用品

## 葡萄柚還有一件東西要放進書包裡。
## 按照木瓜的提示，在正確的東西下面畫○。

1. 是姊姊吃營養午餐時一定要用的東西。
2. 湯匙和筷子裝在一起。
3. 洗過以後可以重複使用。

免洗木筷

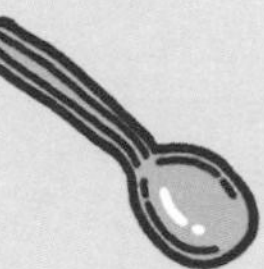

塑膠湯匙

不鏽鋼餐具

比起使用免洗木筷或塑膠湯匙，還是使用不鏽鋼餐具更健康，
對環境也有幫助。

## 是誰讓天空變得灰濛濛？

媽媽看到外面一片灰濛濛的天空，
叮嚀外出時一定要戴口罩。
解開密碼找出造成天空
灰濛濛的原因吧！

4-◇-6-◀　　9-2-◀　　2-☆-◀　　5-8-◆

**密碼解讀表**

| 1 | 2 | 3 | 4 | 5 | 6 | 7 | 8 | 9 | 0 |
|---|---|---|---|---|---|---|---|---|---|
| ㄅ | ㄨ | ㄇ | ㄒ | ㄌ | ㄢ | ㄍ | ㄧ | ㄈ | ㄑ |
| ◀ | ★ | ◁ | ◆ | ◇ | ● | ☆ | ♡ | ♣ | ♧ |
| ˊ | ˇ | ˙ | ˋ | ㄩ | ㄎ | ㄟ | ㄕ | ㄓ | ㄠ |

受到氣候變遷的影響，高溫天氣變多的話會使得大氣環流減弱。
因此，讓人們感到懸浮微粒問題嚴重的日子變得愈來愈多。

## 空氣清淨機也是罪魁禍首嗎？

因為懸浮微粒的問題，葡萄柚打開了空氣清淨機。

這麼做，懸浮微粒就會消失嗎？沿著圖中的線去看看吧！

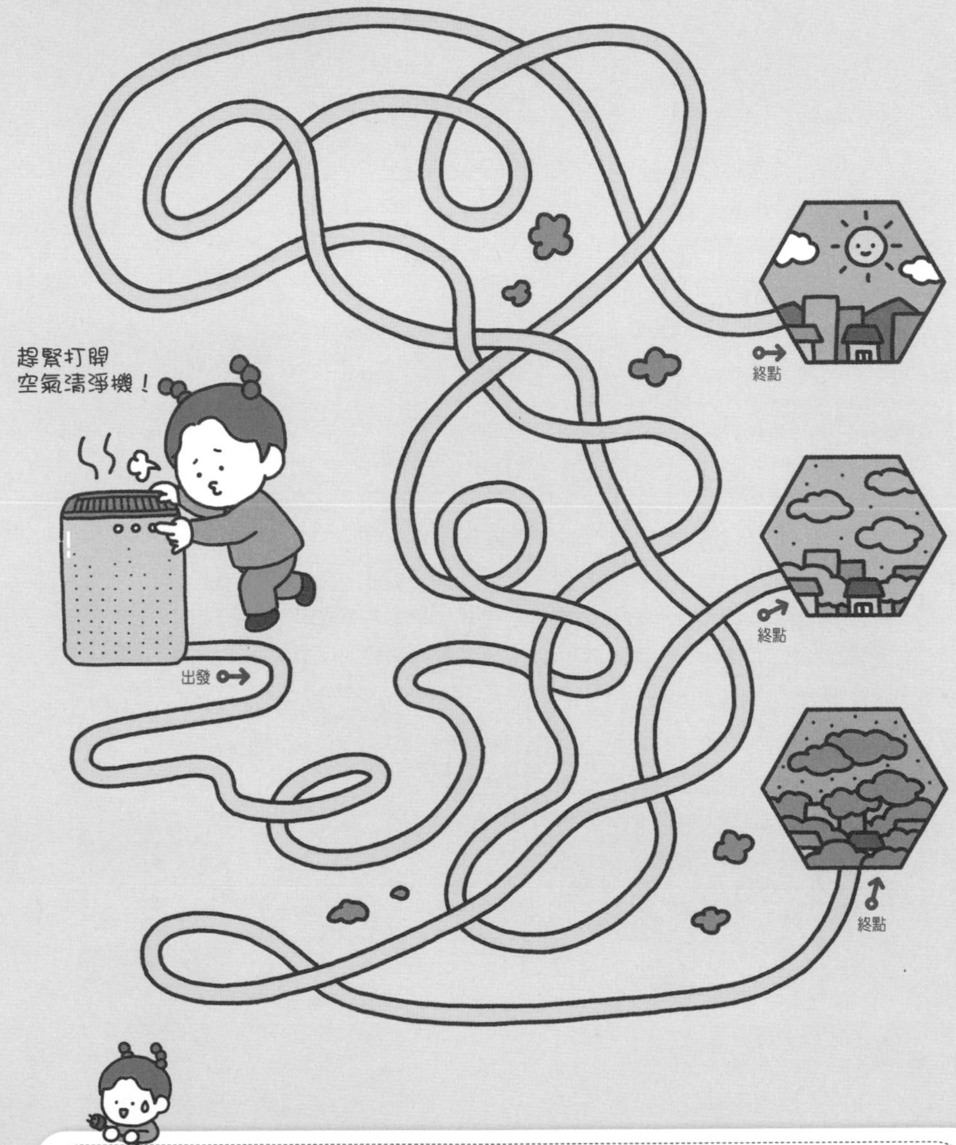


在製造和使用空氣清淨機的時候也必須使用能源，
而製造能源的過程中必然會產生懸浮微粒。空氣清淨機雖然能消除
眼前的懸浮微粒，但這種方法最後反而製造了更多懸浮微粒。

地球討厭的汽車

## 出發去上學！哪種交通方式不會製造懸浮微粒？沿著迷宮找到前往學校的路吧。

從家裡到學校走路要花20分鐘。
因為汽車會製造大量懸浮微粒，所以最好走路去上學。
而且，走路也是最好的運動。

## 不製造懸浮微粒的方法

到學校了！葡萄柚正想搭電梯到教室去，
突然同學塞給她一封信就跑掉了。
信裡寫了什麼？抄在下方空白處吧！

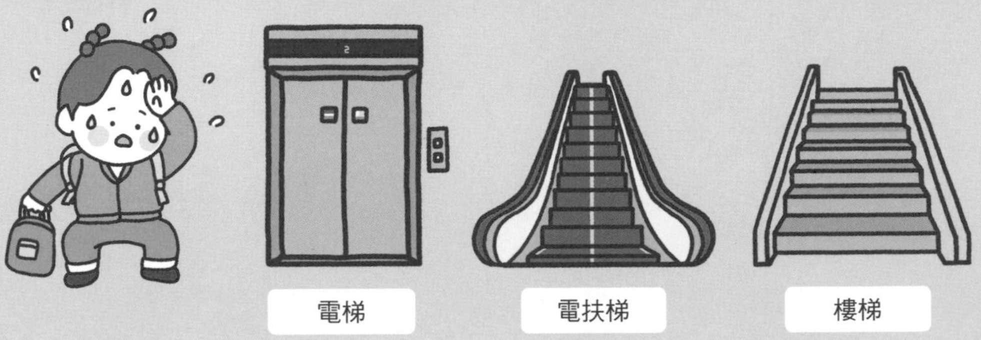


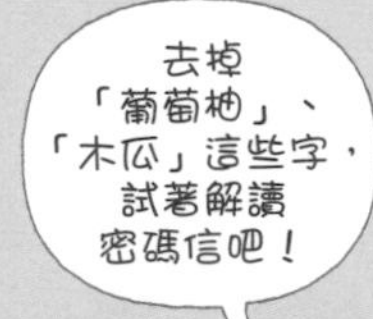

| 葡 | 走 | 木 | 瓜 | 樓 | 萄 | 柚 | 梯 | 瓜 |
|---|---|---|---|---|---|---|---|---|
| 木 | 柚 | 上 | 瓜 | 葡 | 去 | 瓜 | 萄 | 木 |

比起用電能運轉的電梯和電扶梯，
走樓梯上樓才是減少懸浮微粒的方法，對吧？
就算稍微辛苦些，還是走樓梯吧！

為了地球堅守收納袋

朋友們有困難的時候，葡萄柚背著書包像超人一樣出現了。

畫線連一連，看看葡萄柚是怎麼幫助朋友的！

朋友們～
我來幫忙了！

布袋

傘套

有了布袋，就可以把美術作品帶回家，

有了傘套，不需要使用塑膠袋就能裝雨傘。

守護環境的筆記本

老師看到葡萄柚的筆記本後稱讚了她。
找出右邊最恰當的拼圖碎片並用○圈起來，
找出是什麼理由吧！

葡萄柚
太棒了！

葡萄柚受到稱讚，是因為她使用再生紙筆記本。
用過一次的紙收集起來可以重新製成再生紙，使用再生紙的話，
就不用砍更多的樹。既可以保護樹木，也可以守護環境。

親手做禮物

今天是朋友的生日。

葡萄柚把自己熬夜努力做出來的禮物拿給朋友。

是什麼禮物呢？塗上顏色就知道了。

1

2

3

4

祝你
生日快樂～。

謝謝！

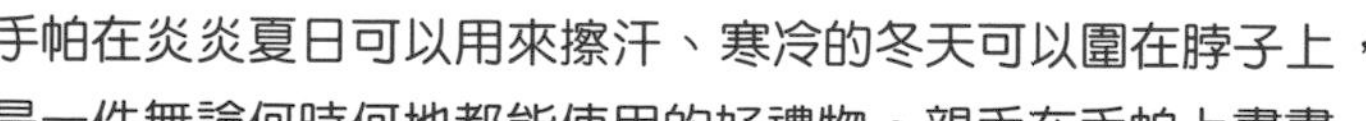

手帕在炎炎夏日可以用來擦汗、寒冷的冬天可以圍在脖子上，
是一件無論何時何地都能使用的好禮物。親手在手帕上畫畫，
當成禮物送給朋友的話，就成了獨一無二、意義非凡的禮物！

濕巾和抹布的差別

大掃除時間，葡萄柚和同學們一起擦桌子。

找出其中 1 位使用不同工具擦桌子的同學吧。

我用媽媽做的小抹布沾濕來擦桌子。

小朋友們以後也用抹布代替濕巾，好不好？

## 尋找葡萄柚的樹！

葡萄柚在學校裡有一棵樹。

按照同學的提示找出葡萄柚的樹，用○圈起來吧！

提示

1. 走出教室往大禮堂方向移動。
2. 看到松樹向右轉。
3. 往看得到體育館的路前進。
4. 楓樹正對面就是葡萄柚的樹。

我的樹就是在運動場跑累了可以休息的櫸樹。
學校裡的樹木是過去大人們為了讓小朋友和樹木一同成長種下的。
小朋友們要不要也在學校裡選一棵自己的樹？

## 更換運動場跑道的原因

學校運動場在施工，為什麼要施工呢？

找出隱藏在下圖中的注音符號，完成朋友說的話。

「葡萄柚，沒事吧？運動場聚氨酯（PU）跑道剝落的話，就會產生

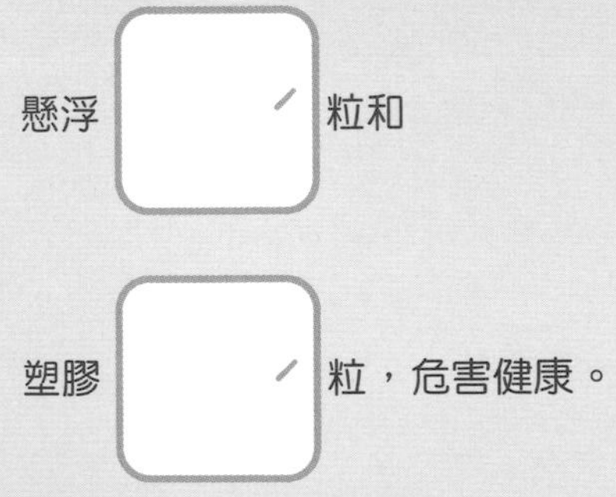

用細沙和泥土更換聚氨酯跑道的工程完成之後，
就可以在沙土跑道上玩了！」

在學校遇見的動物小夥伴

葡萄柚和同學們一起在學校裡玩尋找動物的遊戲。

大家也一起找找看吧！

蜜蜂、
蚯蚓、
螞蟻。

喜鵲雛鳥、
松鼠、
棕耳鵯。

學校裡住著各式各樣的動物。

在動物生存空間逐漸縮小的城市裡，學校是珍貴的自然環境！

玻璃窗上畫點點

葡萄柚為了保護棕耳鵯，在教室窗戶上畫點點圖案。

和葡萄柚一起畫點，想一想原因吧！

一年有800 萬隻鳥會因為撞上透明玻璃窗而死亡。
如果在玻璃窗上以小鳥無法通過的寬度畫上點陣的話，
小鳥在飛行時就會避開玻璃窗。

## 環境荷爾蒙為什麼不好？

環境荷爾蒙的原名是「內分泌干擾物質」，是指進入我們的身體以後，會像真正的荷爾蒙一樣發揮作用的合成化學物質。即使只是非常非常少的量，也會對兒童的成長和健康產生不良影響。大部分塑膠製品會釋放環境荷爾蒙，因此小朋友們最好遠離塑膠製品。

塑膠水瓶

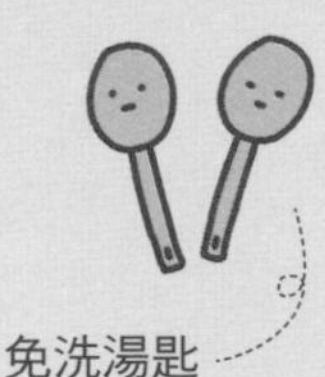

免洗湯匙

## 沒有傘袋嗎？

下雨天帶好雨傘和傘袋的話，就不需要用拋棄式塑膠傘袋，每年有超過2億個塑膠傘袋短暫使用後就被丟棄。有些地方會有可以擦拭雨傘水氣的雨傘除水器，若是沒有，可以先輕輕甩掉雨傘上的水氣，再折疊好放進傘袋裡。沒有傘袋的話，可以用壞掉的雨傘傘布做一個傘袋。

## 試試再生紙吧！

每天有1,200萬棵樹被砍伐用於造紙，但如果把只用了一次的紙收集起來的話，就可以重新造紙，這種紙稱為「再生紙」。用再生紙製成的書會附加特殊的標記，另外也有用再生紙製成的筆記本。使用再生紙筆記本，學習的同時也能有助於環保。

## 為什麼懸浮微粒愈來愈嚴重？

其實台灣的空氣正在好轉，分析近20年的檢測數據顯示，2000年平均懸浮微粒濃度為60 μg/m³，2013年為53.9±14.7 μg/m³，之後就一直呈現下降趨勢，到了2020年降到30.2±8.1 μg/m³。然而，這段期間鄰近的中國工廠數量增加，從中國飄過來的懸浮微粒數量也跟著增加。而大都市裡懸浮微粒主要的排放原因是汽車數量暴增，加上受到氣候變遷的影響，炎熱的日子愈來愈多，空氣不流動全都聚集在一處，導致懸浮微粒濃度超標的天數也增加。為了減少懸浮微粒，我們可以透過淘汰火力發電廠、少開車出門等方式，從阻止氣候變遷開始做起。

＊數據參考：行政院環境保護署<br>空氣品質監測年報

# 出動！海洋搜查隊

可以玩水好涼快，
也可以堆沙堡。
好想快點去海邊玩！

葡萄柚，救命啊！

不行！

## 大海在痛苦地呻吟？

大海裡傳來陣陣呻吟聲，
為什麼會這樣呢？通過迷宮找出原因吧！
跟著謎題的答案前進就能走出迷宮。

大海！
你怎麼了…？

出發

為什麼海水溫度會升高？

因為
海洋生物的
糞便。

因為
人類亂丟垃圾。

海洋生物為什麼消失？

因為人類
捕撈生物。

因為生物逃到
別的世界去了。

好難受喔！

終點

海洋是所有生物的珍貴家園，但是人類卻一直在折磨它。
現在海洋和生物正一天天瀕臨死亡，這下問題大了！

## 抹香鯨為什麼會死掉？

葡萄柚在電視上看到死去的抹香鯨。

抹香鯨為什麼會死呢？找出下方2張圖中不一樣的3個地方，在下方的那張圖上用○圈出來。

打開抹香鯨的肚子一看，發現裡面塞滿了塑膠垃圾。
除了鯨魚之外，在海邊還發現了許多因為塑膠製品而死亡的動物，像是海龜、海象等。

## 我們吃下去的塑膠

塑膠不只危害動物，還會進入我們的身體！
我只是吃了蛤蜊而已啊？到底是為什麼呢？

太麻煩了，扔掉！

出發

終點

真好吃！

我們丟棄的塑膠在碎裂之後成為塑膠微粒，貝類生物會把塑膠微粒誤認為浮游生物吃下去，而我們又把吃了塑膠微粒的貝類吃下肚，結果等於也吃下了塑膠微粒。

## 白化的珊瑚瀕臨死亡

葡萄柚和朋友看到海中白化的珊瑚。

為什麼會這樣呢？解開下方的密碼看看原因吧！

**密碼解讀表**

| 2 | 4 | 6 | 8 | 10 | 12 | 14 | 16 | 18 | 20 | 22 | 24 |
|---|---|---|---|---|---|---|---|---|---|---|---|
| ㄅ | ㄈ | ㄐ | ㄢ | ㄣ | ㄕ | ㄋ | ㄇ | ˊ | ˇ | ˙ | ˋ |
| 26 | 28 | 30 | 32 | 34 | 36 | 38 | 40 | 42 | 44 | 46 | 48 |
| ㄗ | ㄒ | ㄨ | ㄞ | ㄊ | ㄩ | ㄖ | ㄌ | ㄔ | ㄤ | ㄙ | ㄧ |

怎麼會這樣呢？

□ □ □ 就是原因。

4-44-18　　12-32-24　　38-30-20

氣候變遷導致海水溫度升高，還有我們塗抹的防曬乳中不好的成分，都會造成珊瑚逐漸白化死亡。

## 太平洋上的特別島嶼

木瓜看探險書看到一半在哭，葡萄柚發現嚇了一跳。

木瓜為什麼哭？為下圖上色後找出原因吧！

1997年，我乘船橫越太平洋時發現了一座巨大的島嶼。
然而靠近了一看，那座島嶼不是由陸地，而是由垃圾堆積而成的島。即使到了現在，那座垃圾島還在繼續擴大中。
對了，我是查理斯・摩爾船長！

## 淨灘救海洋！

葡萄柚決定從現在開始，每次去海邊玩的時候一定要撿垃圾。
和葡萄柚一起找出隱藏在海邊的垃圾吧！

在海灘上撿垃圾就像在梳理海灘一樣，
所以英文是「beachcombing」（combing＝梳理、梳洗），
也稱為「淨灘」。去海邊玩的朋友們，要不要一起淨灘呢？

## 去海邊遊玩要準備的東西

葡萄柚一家人在收拾東西打算去海邊玩。

找出家人該準備的物品，並用線連起來吧。

保溫瓶

外賣便當

自製便當

瓶裝礦泉水

免洗餐具

防水提袋

塑膠袋

環保餐具

布袋

去海邊玩之前只要準備好必要的物品，
就可以保持乾淨的沙灘和大海。

沙灘車引起的問題

## 在沙灘上以噪音和廢氣危害海洋生物的罪魁禍首是誰？按照數字順序連接圓點，揪出犯人來！

木瓜呀～，沙灘車會傷害海洋生物，還會輾過海鳥生蛋的鳥巢。而且沙灘車對小孩子來說很危險！

不要打擾大海

煙火很有趣，但會汙染環境。

選擇下方正確的拼圖碎片，並寫下號碼，找出汙染的原因吧！

放煙火會留下垃圾，而且每次煙火爆炸時產生的煙霧會造成海洋生物的痛苦。

## 世界海洋日，令人遺憾的消息

6月8日是世界海洋日，然而最近在世界海洋日這天卻只能聽到令人遺憾的消息。

地球上的生命體始於大海，而地球表面有

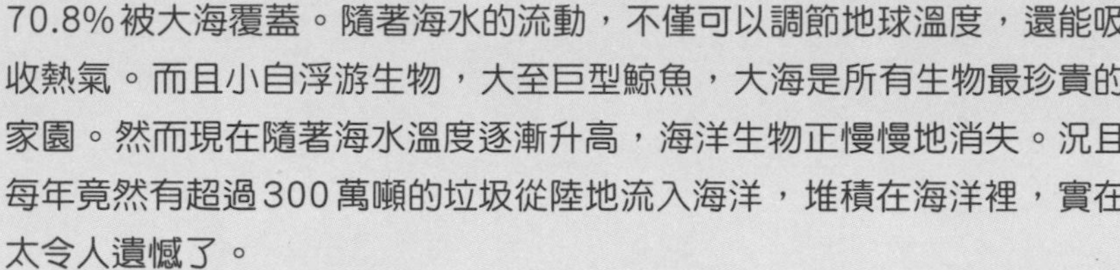

70.8%被大海覆蓋。隨著海水的流動，不僅可以調節地球溫度，還能吸收熱氣。而且小自浮游生物，大至巨型鯨魚，大海是所有生物最珍貴的家園。然而現在隨著海水溫度逐漸升高，海洋生物正慢慢地消失。況且每年竟然有超過300萬噸的垃圾從陸地流入海洋，堆積在海洋裡，實在太令人遺憾了。

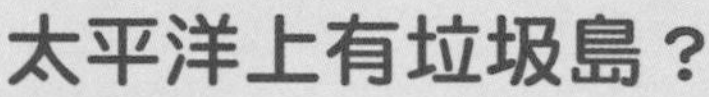

## 太平洋上有垃圾島？

1997年航行在太平洋上的查理斯・摩爾船長發現了一個有蒙古大小的垃圾島。這個垃圾島是由全世界任意丟棄的垃圾，隨著海風和洋流聚集而成的。海鳥、海魚和海龜把垃圾島的垃圾當成食物吃下後死亡的事情層出不窮，因此，為了將太平洋垃圾島清除乾淨，全世界環保運動家和科學家們都在努力，可惜到現在還找不出好的辦法。有人預測，再過30年，海洋中的塑膠會比魚類的數量還多。

## 抹香鯨為什麼會死掉？

2018年有一頭死去的抹香鯨被沖上印尼海邊，為了找出死因剖開鯨魚的腹部時，發現裡面有超過6公斤的垃圾。光是塑膠杯就有150個以上，另外還塞滿了塑膠袋、涼鞋和塑膠繩。垃圾阻塞了鯨魚的胃和腸子，留下了傷口，使得鯨魚無法進食。再加上傷口感染細菌和黴菌，才導致鯨魚死亡。

## 珊瑚為什麼會死亡？

在海中像樹木一樣搖曳的生物，就是珊瑚。珊瑚是許多魚類產卵和藏身的處所，也是製造氧氣的浮游生物賴以生存的地方，珊瑚礁還發揮著抵抗颱風或海嘯的作用。然而現在珊瑚正逐漸白化死亡。原因就出在氣候變遷造成海水溫度上升，以及我們使用的防曬乳裡的成分，所以已經有許多國家禁止在海裡使用防曬乳。

## 我們在吃塑膠微粒嗎？

塑膠微粒是指5公釐以下非常小的塑膠，我們用過後丟棄的塑膠製品會在自然界中碎裂成為塑膠微粒。在我們喝的自來水和礦泉水裡也發現有塑膠微粒的存在，也就是說，我們丟棄的塑膠最後會進入我們的身體裡。也有研究結果顯示，一個人每星期會吃下一張信用卡大小的塑膠微粒。

# 火熱的地球大探險

木瓜～，
我們要先玩哪種
遊樂設施？

哇～～
是遊樂園耶！

好熱啊！

澳洲

阿拉斯加

唉喲，好熱！

世界各地的朋友都寄了密碼信給葡萄柚。

根據提示組合信裡的文字，看看他們說了什麼！

去掉「環境」2個字。

環氣境

去掉「酷暑」2個字。

酷候暑

去掉「暴雪」2個字。

暴雪危

去掉「暴雨」2個字。

暴機雨

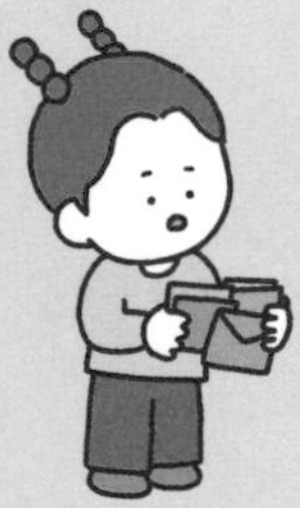

人類的活動會排放許多溫室氣體，導致地球愈來愈熱。

因此出現了酷暑、暴雨、暴雪等氣候變遷。

我們將這種情況稱為「氣候危機」。

旅行回來的木瓜感染了名叫「瘧疾」的病而發高燒。

木瓜為什麼會染上這種病呢？

沿著下圖的線條走，找出原因吧！

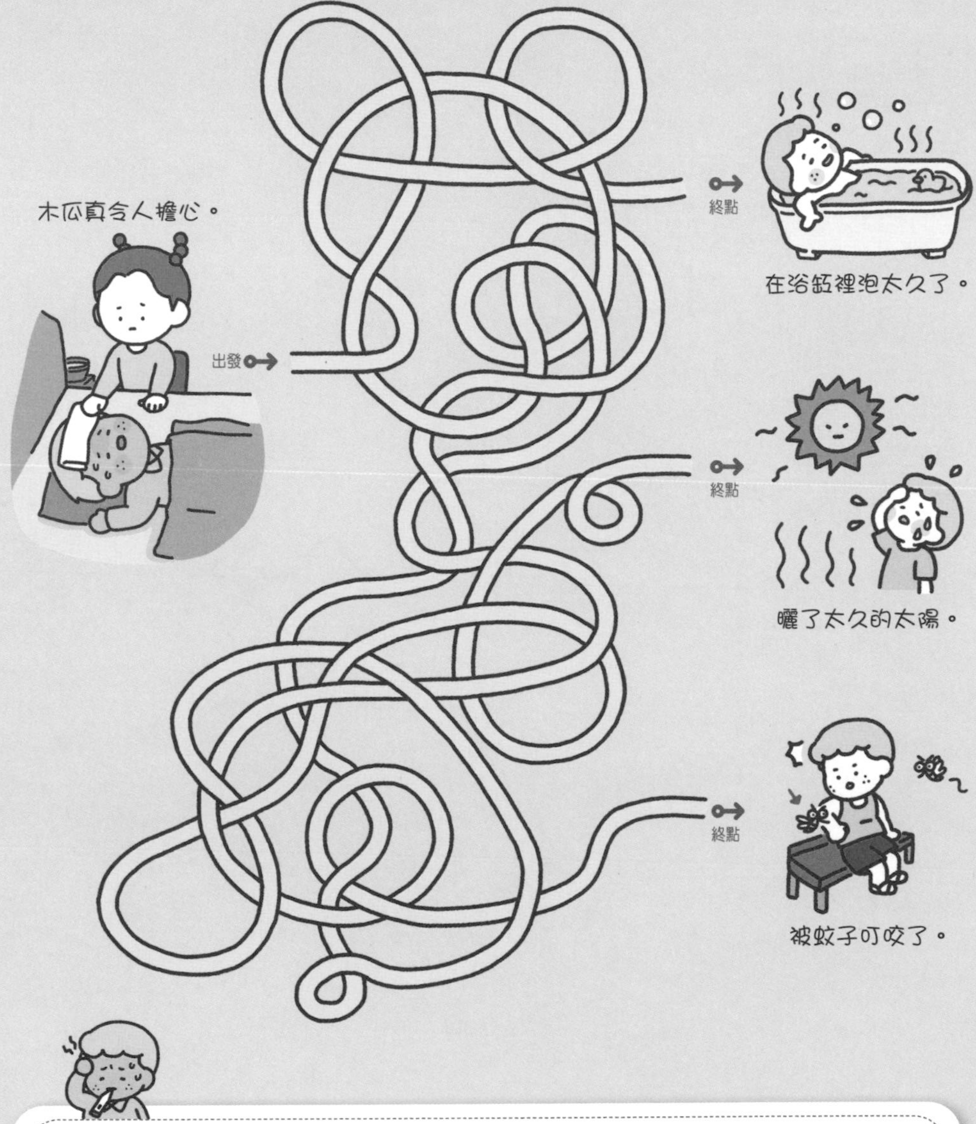


氣候危機導致地球變熱，蚊子等傳染疾病的昆蟲也變多了，
並將細菌傳染到人類的身上。氣候危機也會對我們的健康有不好的影響。

環境活動家格蕾塔・童貝里

葡萄柚從電視上認識了全世界從事環保活動的朋友。
在空白處上色，看看是哪些國家的朋友們吧。

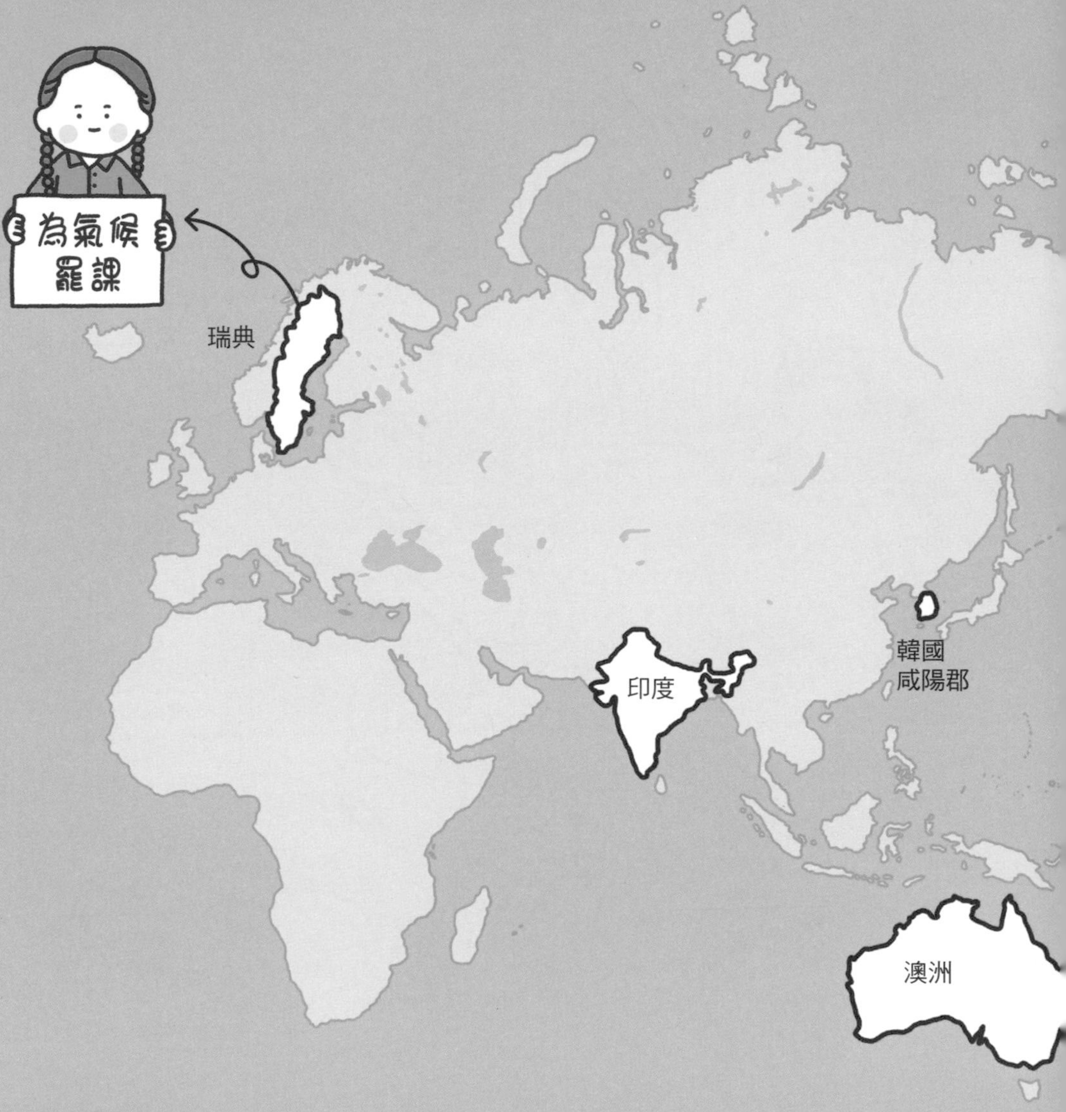

我是住在瑞典的格蕾塔・童貝里，我曾經在每週的星期五都不去學校上課，而是到瑞典議會前舉著「為氣候罷課」的標語，進行一人示威活動，呼籲環境問題。

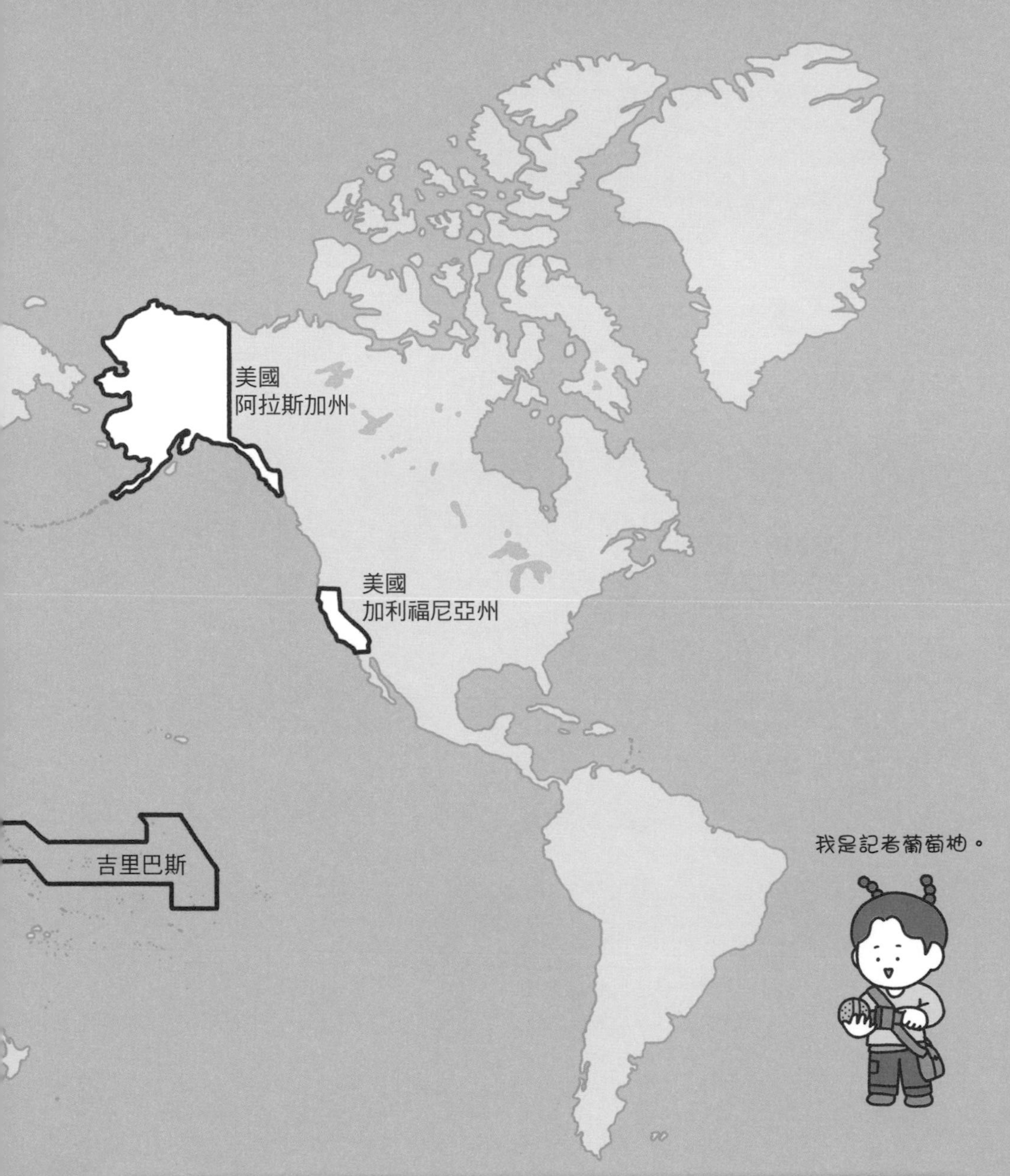


除了格蕾塔・童貝里姊姊之外，我還要見見其他環境活動家朋友們，
仔細聽他們描述世界各地出現了哪些環境問題！

蘋果農場的危機

首先來見見離我們最近的韓國慶尚南道咸陽郡的朋友世鎮。

世鎮描述的是哪種氣候危機呢？

找出適合空白處的拼圖碎片，寫下號碼，並了解原因吧！

聽世鎮說，蘋果是一種生長在寒冷氣候的水果。

然而因為氣溫上升，蘋果不僅不夠成熟，而且蟲子也多了起來。

由於氣候變遷造成颱風頻繁，連熟透的蘋果都被吹落在地上。

因努伊特人查德的擔憂

這次，我們到遙遠的國度阿拉斯加看看。
找到迷宮的出口，讓葡萄柚能搭乘雪橇安全地見到來自因努伊特的朋友，查德！

小時候，冰塊非常堅硬，我可以經常搭乘雪撬。
但是近來天氣變得溫暖，冰塊都融化了，搭乘雪撬變得很危險。
也就是說，氣候變遷剝奪了我們安全的道路。

阿曼達的家園發生了什麼事？

住在美國加利福尼亞州的阿曼達也很煩惱。
將下方的圖用線連連看，
了解阿曼達的家園發生了什麼事吧！

美國發生森林大火、颶風等自然災害的情況愈來愈嚴重。
而且，美國也是排放溫室氣體最多的國家。
那些無視氣候變遷的大人令我感到氣憤！

路德塔為什麼搬家？

住在南太平洋美麗島嶼吉里巴斯的路德塔正準備搬家。

他為什麼要離開這座島呢？

找出2張圖中不一樣的3個地方，在下方的那張圖上用〇圈出來。

當地球因為其他國家排放的溫室氣體變得愈來愈熱，
海平面也慢慢上升，像吉里巴斯這樣美麗的小島便會漸漸沉入水中。
所以路德塔正準備搬到其他的國家去。

## 搶救森林大火中的動物！

住在澳洲的奧斯卡家附近發生了嚴重的森林大火。

救救困在森林大火中的２隻無尾熊和３隻袋鼠吧！

火勢
無法撲滅呀！

奧斯卡，
該怎麼辦？

由於氣候變遷，2019年9月發生的森林大火直到2020年2月才終於撲滅。這次的森林大火推估造成包括袋鼠和無尾熊在內，超過10億隻動物死亡。而且，澳洲美麗的森林也被燒毀了20%。我好傷心。

## 印度為什麼愈來愈熱？

印度朋友薩曼說，印度是因為氣溫升高受災最嚴重的國家。

印度的氣溫有多高呢？

按照薩曼的提示用〇圈出正確的溫度計！

**提示**

1. 不低於0℃。
2. 氣溫是偶數。
3. 比人的體溫還高。

葡萄柚，太熱啦！

| -10℃ | 10℃ | 37℃ | 50℃ |
|---|---|---|---|
| | | | |

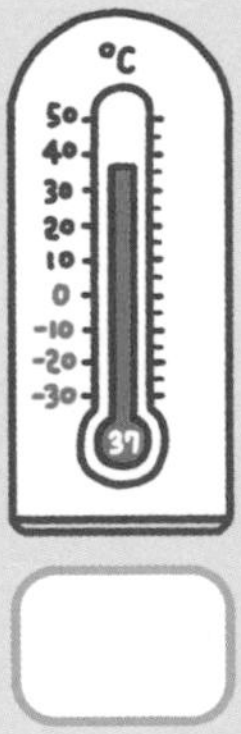

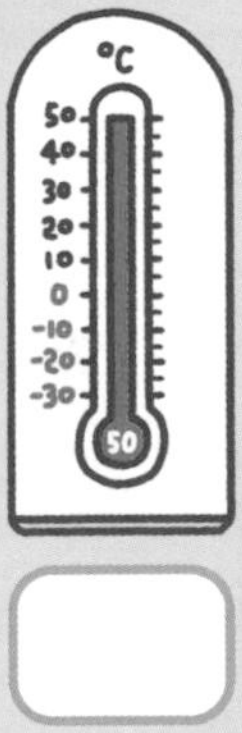

印度原本就是炎熱的國家，但隨著氣候變遷變得更熱，也有人因此被熱死。再加上不常下雨，缺乏糧食而挨餓的人也愈來愈多。實在太糟糕了！

守護我們的地球！

地球村的朋友們齊聚一堂，共同阻止氣候變遷。
為了阻止氣候變遷，像這些朋友們一樣，
將你想說的話寫在葡萄柚和木瓜舉的牌子上吧！

停止燃煤發電廠。
保護動物。
我們只有一個地球。

## 從氣候變遷變成了氣候危機？

在過去100年間，隨著人類的活動排放出大量會導致地球暖化的溫室氣體，全球平均氣溫已上升超過1℃，並且仍持續升高。氣候變遷會造成海平面上升、氣候災難頻發、北極冰川融化。但是，這個事實從公開到現在已經過去了30年，人類排放溫室氣體的活動數量並沒有因此減少。隨著因氣候變遷造成的問題愈來愈嚴重，人們現在改用「氣候危機」來代替「氣候變遷」一詞，青少年們也挺身而出，希望能解決氣候危機。

## 為什麼經常發生傳染病？

氣溫升高，傳染疾病的昆蟲存活時間和地區就會增加。氣溫每升高2℃，蚊子的數量就會增多，瘧疾流行地區也會從42%增加到60%。目前還無法有效治療的熱帶傳染病登革熱也隨著氣溫的升高，出現在過去從未發生疫情的地區。而因為河川水量變少，水中氧氣不足使得水中的細菌增加。一旦下大雨河水滿溢，細菌就有可能傳染到人類身上。最糟糕的是，如果發生了過去不曾出現過的新型傳染病，由於預防和治療都很困難，會帶來巨大的危機。而疫情一旦爆發，首當其衝的便是最為貧窮和身體虛弱的人們。

## 為了突破危機的氣候遊行

瑞典少女格蕾塔・童貝里對面臨氣候危機無所作為的世界感到絕望，一度罹患了憂鬱症無法開口說話。後來她決定直接採取行動，每週五不去上學，而是到瑞典議會前面進行「週五為氣候罷課」的一人示威，全世界的青少年也一起響應了童貝里的行動。青少年們的氣候行動掀起世界各地數萬人聚集的遊行，在台灣也有愈來愈多的青少年投入青年抗暖大遊行等活動。

# 來自森林的邀請函

來自森林的邀請函？

來自森林的邀請函

咦，這是什麼？

葡萄柚：
週末要不要
去森林？

該怎麼上山才好呢？找出２張圖中不一樣的３個地方，
在下方的那張圖上用○圈起來。

纜車對我們來說很方便，但是為了建造纜車，卻必須破壞山林。
爬山盡量不要搭纜車，用走的上去吧！

## 為什麼要沿著登山路上山？

葡萄柚決定和朋友約在山頂見面。

沿著登山路走上去吧！

人類在山林中行走的道路就是登山路，其他的空間是山林動物和植物生活的家園，所以我們不可以擅自進入這些朋友們的家。

在山林裡要保持安靜

## 爬山心情愉快的葡萄柚放聲大喊：「呀呼！」卻讓動物們嚇了一大跳。找一找受到驚嚇的動物們！

當我們大喊「呀呼！」的時候，動物們會受到驚嚇。冬眠中的動物會醒過來，有時連還不會飛的雛鳥也會從巢裡掉下來。我們只是暫時造訪的客人，所以在山林裡要保持安靜！

遇到野生動物怎麼辦？

啊！葡萄柚的朋友指著山林裡的某個東西。

按照數字順序畫線將圓點連起來，看看是什麼東西。

如果在山上發現野生動物應盡量遠離，
讓動物的家人能來找牠。
萬一發現受傷的動物，可以送到野生動物急救站。

樹木很乾渴

木瓜說，今年冬天很溫暖，真好！

但是葡萄柚用望遠鏡觀察家門前的公園後嚇了一跳。

為什麼呢？在下圖中找出答案，並用○圈起來。

由於氣候變遷導致降雪減少和冬季變暖，使得松樹等針葉樹因為在冬季無法獲得足夠的水分而漸漸枯死。

愛護森林的方法

森林是許多生命共同生活的家園。

為了共享森林，我們也有必須遵守的行為。

找出正確的行為，並用線連起來。

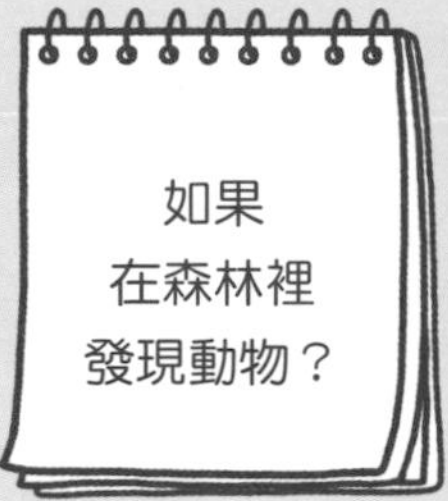

橡實是森林動物們的食物，所以不要撿拾，
也不可以把我們的食物給動物，也不要摘花，聞聞香氣就好！

## 禁止纜車出入

搭乘纜車可以從空中俯瞰整座山，也不用辛苦地走路，非常方便。但是在建造纜車時，必須破壞野生動植物棲息的山林。另外，因為可以短時間內將許多人運送到山頂，所以山頂很容易遭到破壞。尤其國家公園或自然保護區域是為了維護大自然而建造，這種地方比起方便使用，更應該集思廣益如何好好維護才對。

## 如果在山林裡發現動物的話？

如果在山林裡發現被捕獸器夾住或斷了腿的動物時，不能隨便帶回家。帶回自己家裡治療和飼養是不對的行為，野生動物必須生長在野外，如果帶回家飼養，就沒辦法再回到山林裡去。發現受傷的野生動物想進行救助時，應該送到野生動物急救站。

## 耶誕樹會消失嗎？

「朝鮮冷杉」經常被用來製成聖誕樹。韓國濟州島上的冷杉在1900年代初期傳入歐洲，成為聖誕樹之後開始聲名遠播。但是現在韓國漢拏山、智異山、德裕山上的朝鮮冷杉正逐漸枯死，就連松樹、臭冷杉、魚鱗雲杉也無法倖免，這全是因為冬季沒能吸收到足夠的水分。原本冬天下的雪應該到晚春之後融化，樹木才能一直吸收水分。但隨著氣候變遷導致降雪減少和冬季變暖，雪因此太早融化。這種情況不僅發生在韓國，對於世界各國冬季保持常青的所有針葉樹來說，都是一大問題，說不定以後冬天再也看不到常青樹木了。

# 可疑的動物園

不知道啊～
被鬼帶走了嗎？

自己逃走了嗎？

動物園裡的動物快樂嗎？

來到動物園的木瓜，因為可以看到動物感到很開心。
但是動物們的表情卻顯得很悲傷。
按照數字順序畫線將圓點連起來，想想看動物們為什麼悲傷！

應該自由自在生活在山林、大海、天空中的動物被關在動物園裡，
這樣會感到快樂嗎？說不定對動物們來說，動物園就像監獄一樣。

海豚的眼淚

正在觀賞表演的葡萄柚和木瓜看著海豚覺得很奇怪。

在下圖中選擇最適當的拼圖碎片用〇圈起來，

找出是什麼原因吧！

為了演出人們喜愛的動物表演，動物們必須在壓力下進行辛苦的訓練。
而且，也有可能在訓練過程中遭受到虐待，成為動物壽命減短的原因。

動物園大改造

## 近來動物園逐漸有了轉變，是什麼樣的轉變呢？根據葡萄柚和木瓜說的話找出動物，思考看看吧！

看到狼了！

瀕臨滅絕危機的
石虎和長尾斑羚受傷了，
要趕緊找出來治療！

近年來有些地方正努力嘗試將動物園改造成接近大自然的環境。
而且將動物園轉型，用來保護無法回歸自然棲息地、瀕臨滅絕的動物。

重拾幸福的濟多

# 曾經生活在首爾大公園的濟多回到了故鄉。濟多是什麼動物呢？塗上顏色就知道了！

看起來很快樂！

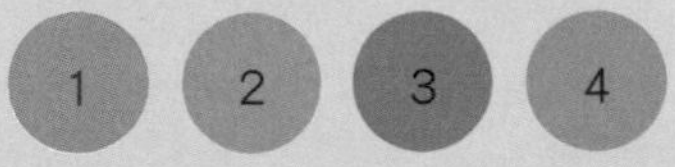

1 2 3 4

濟多在濟州島遭到非法捕捉，並且在首爾大公園（設施內有遊樂園與動物園）表演，還好牠之後回到了濟州島海域。我們透過觀賞影片和照片就足以了解海豚，不一定得在動物園裡親眼看到海豚。

## 拯救亞洲黑熊！

小熊四兄弟被關在狹窄的飼養籠裡。

和木瓜一起拯救小熊四兄弟，並送去給獸醫師葡萄柚吧！

被關在韓國某養殖場裡的亞洲黑熊四兄弟獲救後，
現在過著健康的生活，但是據說還有很多養殖黑熊沒能被救出來。

動物為什麼消失了

除了木瓜拯救的亞洲黑熊之外，還有許多像老虎、狐狸等動物陷入危機當中。解開密碼看看動物們陷入什麼樣的危機！

密碼解讀表

| 2 | 4 | 6 | 8 | 10 | 12 | 14 | 16 | 18 | 20 | 22 | 24 |
|---|---|---|---|---|---|---|---|---|---|---|---|
| ㄟ | ㄈ | ㄐ | ㄢ | ㄣ | ㄗ | ㄋ | ㄇ | ˊ | ˇ | ˙ | ˋ |
| 26 | 28 | 30 | 32 | 34 | 36 | 38 | 40 | 42 | 44 | 46 | 48 |
| ㄝ | ㄒ | ㄨ | ㄞ | ㄊ | ㄩ | ㄖ | ㄌ | ㄔ | ㄤ | ㄙ | ㄧ |

16-48-26-24　6-36-26-18　30-2-18　6-48

動物們的生存空間逐漸消失，造成愈來愈多的動物面臨滅絕危機。
我們必須創造可以和動物共存的環境。

## 野豬為什麼會出現在菜園裡？

野豬毀壞了老奶奶的菜園。
野豬為什麼要做這種事呢？找出哪位小朋友
說的理由正確，在旁邊畫〇吧！

我之所以會破壞菜園，是因為森林漸漸消失，找不到東西吃。
不要討厭我們，請為我們創造一個可以共同生存的環境。

野生動物需要的通道

有許多動物在道路上被車撞死，這種情況稱為「路殺（roadkill）」。為了避免動物遭到路殺，找出2張圖中不一樣的3個地方，在下方的那張圖上用○圈出來。

不要在野生動物棲息地區修建太多的道路，
即使要修建道路，也要設置生態廊道讓動物可以通過。
如果在道路上看到有麋鹿圖案的標示牌，要提醒大人車開慢一點。

## 如何救助受傷的小鳥

葡萄柚走在路上發現了一隻受傷的小鳥。

找到迷宮的出口，看看應該帶小鳥到哪裡！

帶到森林裡。

終點

帶到小兒科。

小兒科

終點

出發

終點

終點

野生動物急救站

帶回家。

帶到野生動物急救站。

發現幼小的野生動物時絕對不可以帶回家，因為牠的媽媽非常可能就在附近。如果發現受傷必須救治的動物，可以先聯絡野生動物急救站再帶過去。

和寵物成為一家人

葡萄柚和木瓜跟爸爸、媽媽說想養貓當寵物。

爸媽說，如果能答對2個問題就同意讓他們養。

來猜猜問題的答案吧！

有新朋友要來了！

養貓之前應該要有什麼心理準備？

要有責任感。

想想要怎麼和牠玩。

哪裡可以找到貓咪？

寵物店

動物收容所

很高興能和你成為一家人！我們不是玩具，請不要隨意對待或遺棄。

讓我們彼此珍惜，好好相處吧！

## 動物園正在轉型？

在動物園裡待久了變得無法在野外求生的動物，以及在動物園裡出生不懂如何在野外生存的動物，都必須繼續在動物園裡生活。近來動物園正朝著可以讓這些動物們快樂生活的方向轉型，動物園透過建造和動物原本的棲息地相似的環境，讓牠們可以躲藏或狩獵，來減輕動物的精神壓力。甚至有動物園乾脆將大片山林改造成野狼的家園，有些動物園則收容受了傷的瀕危動物在這裡度過餘生。動物園不再只是將動物展示給人們觀看，而是轉型為保護瀕臨滅絕危機動物的場所。

## 回歸大海的濟多

捕撈鯨魚和海豚是被嚴令禁止的行為，但還是有人非法捕撈海豚賣給動物園。曾經在韓國首爾大公園裡進行海豚表演的印太瓶鼻海豚，就是以這種方式遭到捕捉，而濟多便是其中之一。

2012年首爾市決定將海豚放歸大海，濟多在結束將近1年的野外求生訓練之後，於2013年7月18日回歸濟州金寧近海，同行的還有來自另一家動物園的春三。緊接著，泰山、福順、金騰、大炮也都回歸大海。如今，首爾大公園裡有一個海豚展覽館，可以透過精彩的影片和照片，配合導覽員生動有趣的解說看到海豚。

## 從鐵籠裡救出來的亞洲黑熊

在韓國，有養殖場為了從熊膽裡抽取膽汁，人工飼養了400多頭亞洲黑熊。2019年在韓國公民的募款下，從養殖場裡救出了阿亞、阿洲、阿黑、阿熊。這四頭亞洲黑熊目前生活在清州和全州的動物園裡。但是其實還有其他400多頭黑熊仍舊被關在養殖場中。我們應該要將養殖場裡的黑熊全都救出來，並且建造保護設施讓牠們可以安度餘生。

## 有哪些動物瀕臨滅絕？

老虎、豹、狐狸、亞洲黑熊、歐亞猞猁、長尾斑羚、原麝，這些動物的共同點是牠們全都是瀕臨滅絕危機的動物。尤其是老虎、豹和狐狸，因為已經很久都找不到牠們生存在韓國的證據，因此被認為已經絕種。在日本占領韓國的時代，日本說要把猛獸關起來，所以就在韓半島上大肆捕獵老虎和豹。而且為了高價販賣虎皮，還動員了數萬人捕捉老虎。

韓國光復以後，歷經了南北韓戰爭，山林遭到嚴重破壞，再也沒有老虎可以生存的土地。而目前還存在的野生動物也逐漸失去棲息地，瀕臨滅絕危機。

## 室內動物園、動物咖啡廳的動物真的快樂嗎？

有愈來愈多將動物關在狹窄室內空間，任由人們撫摸的場所。但如果是真正喜歡動物的人，就不要去這種地方。被關在狹小空間裡的動物既不安全也不快樂，尤其是很多室內動物園都喜歡飼養的浣熊，很多都患有會傳染給人類的狂犬病、浣熊蛔蟲等疾病，訪客們也會面臨危險。還有耳廓狐、狐獴之類的動物也會有類似的情形。住在這種地方的動物，會做出在同一個位置來回走動的異常行為，這是因為被關在狹小的空間，又被人們不停地撫摸，造成了牠們精神上的傷害。希望大家不要為了滿足好奇心和拍照的欲望而去室內動物園和動物咖啡廳。

P12

P13 免洗用品

P14

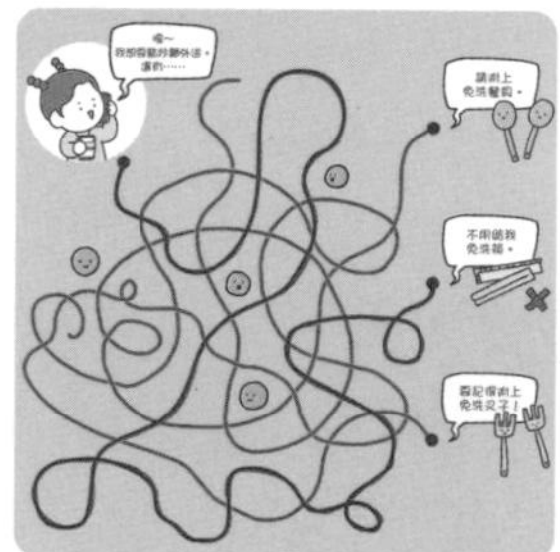

P15

P16

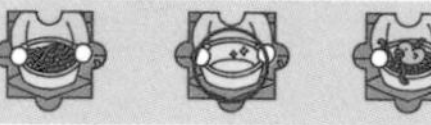

P17

P18~19

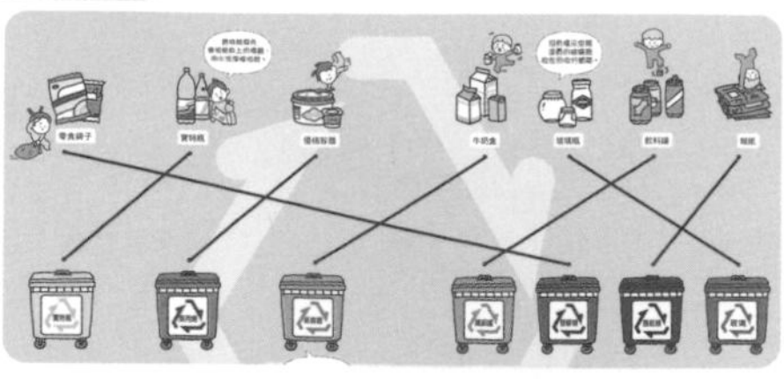

P20

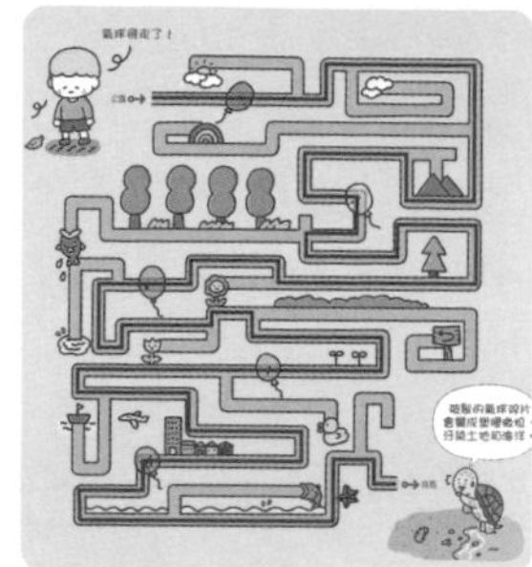

P21

P22

P23

P28

P29 雨水

P30

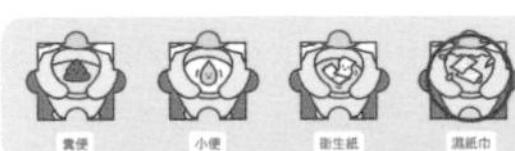


P31

P32 菜瓜布

P33

P34

P35

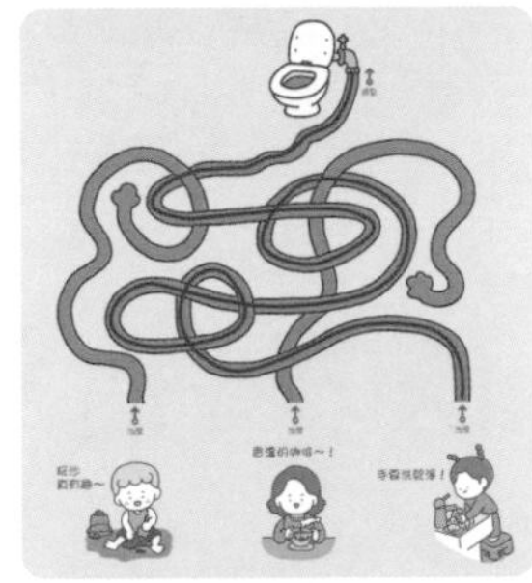

P36 瓶裝水

P42

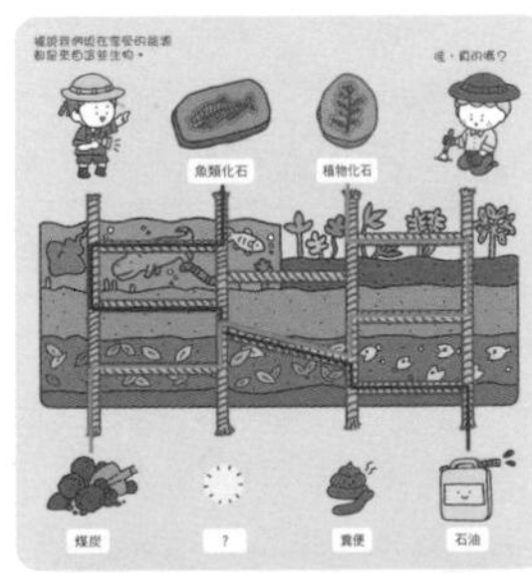


P43

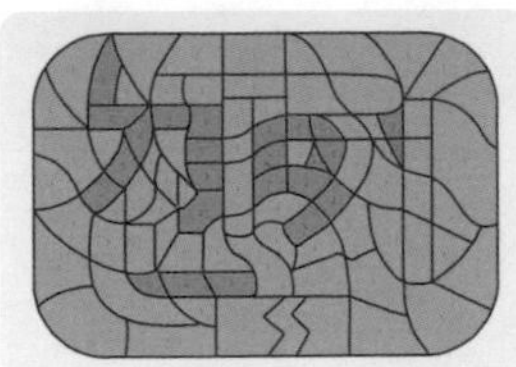

ㄉㄧㄢˋ（電）

P44

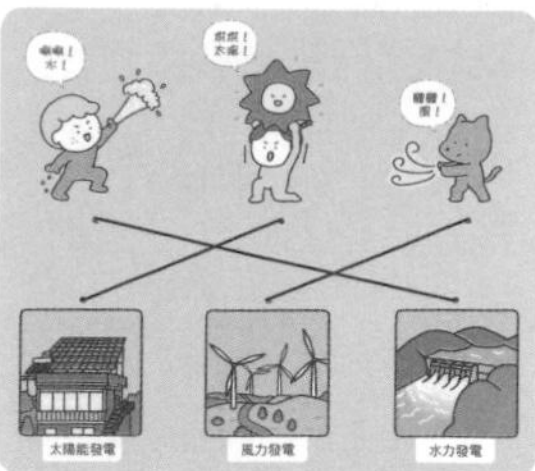


P45

P46

P47 例）電視200kWh、電鍋200kWh、電風扇50kWh

P48

P49

P50

P51

P52 電磁波

P53

P54

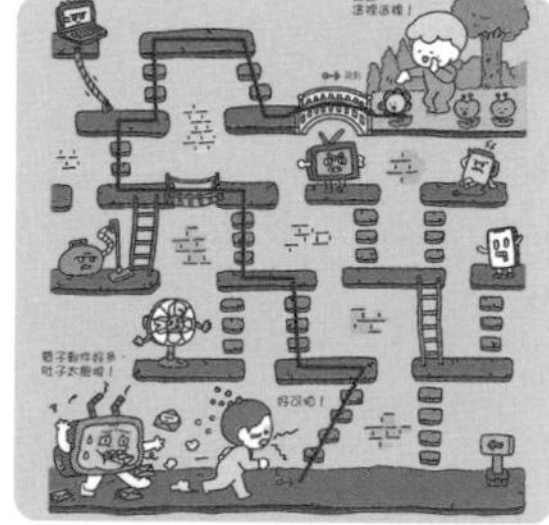

P55

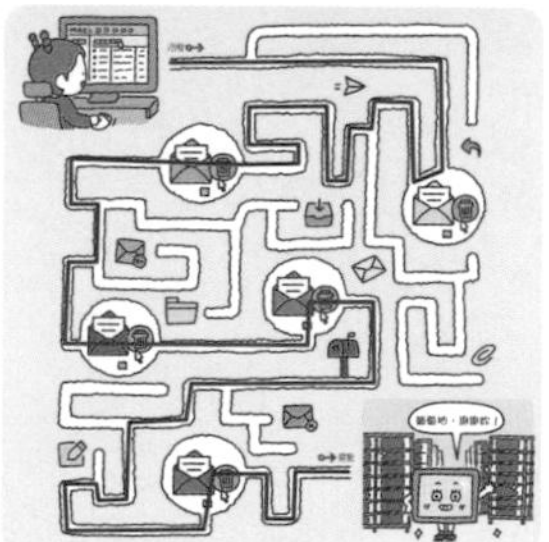

P56 衛生衣褲

P57

P62

P63

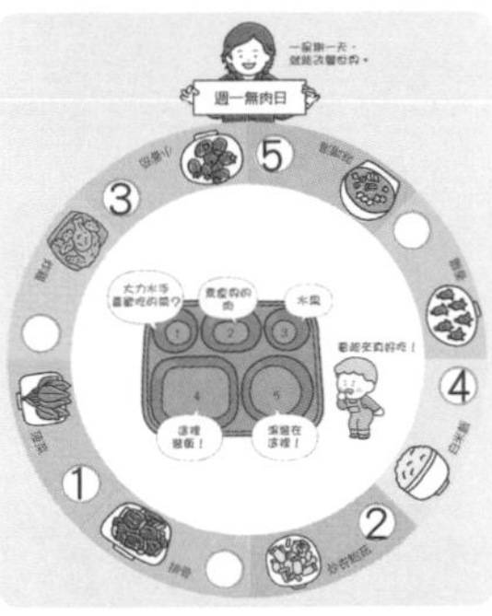


P64

P65

P66

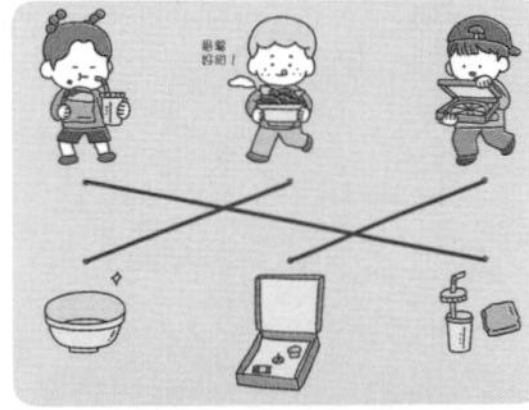

P67

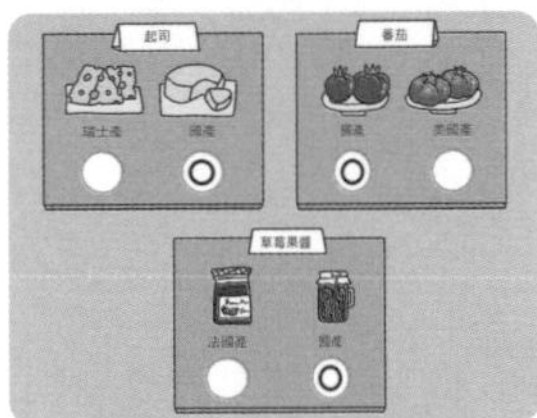

P68

P69

P70

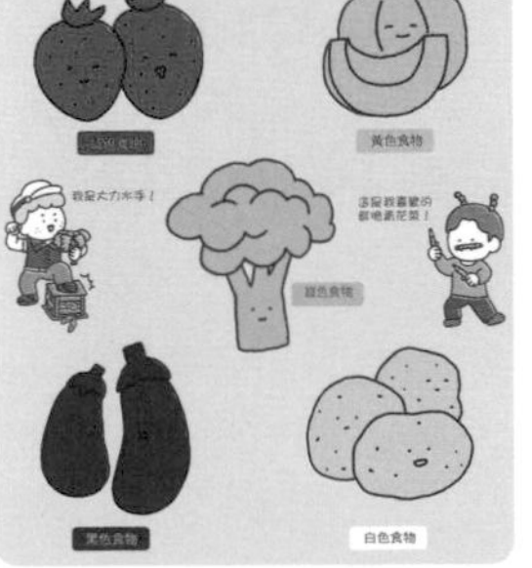

P71

P72 即食食品

P73

P78

P79

P80 懸浮微粒

P81

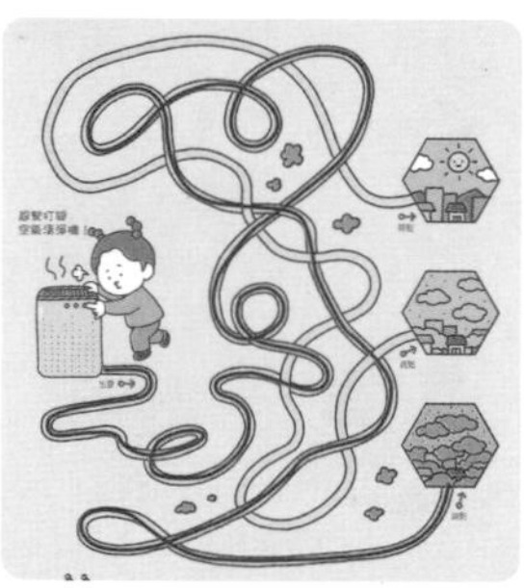

P82

P83 走樓梯上去

P84

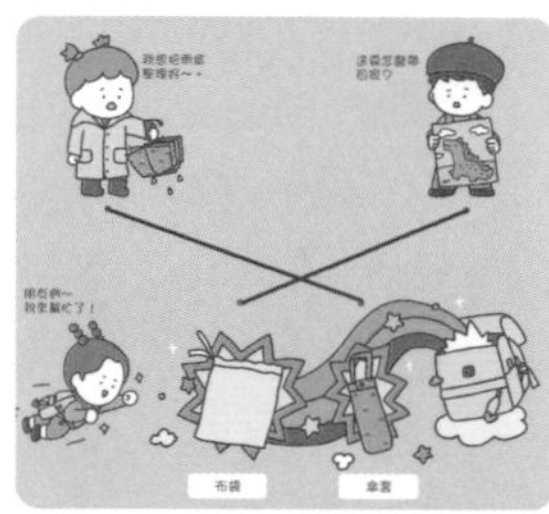


P85

P86

P87

P88

P89 ㄨㄟˊ　ㄨㄟˊ

P90

P91

P96

P97

P98

P99 防曬乳

P100

P101

P102~103

P104

P105

P110 氣候危機

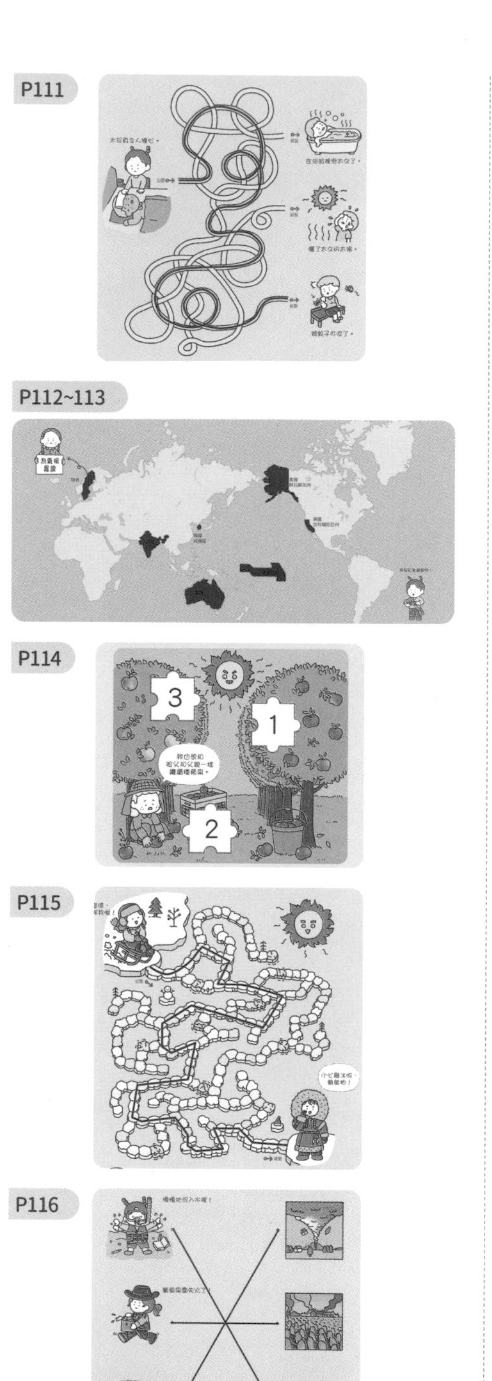
P111
P112~113
P114
3
1
2
P115
P116

P117
P118
P119
P126
P127

P128~129

P130

P131

P136

P137

P138

P139

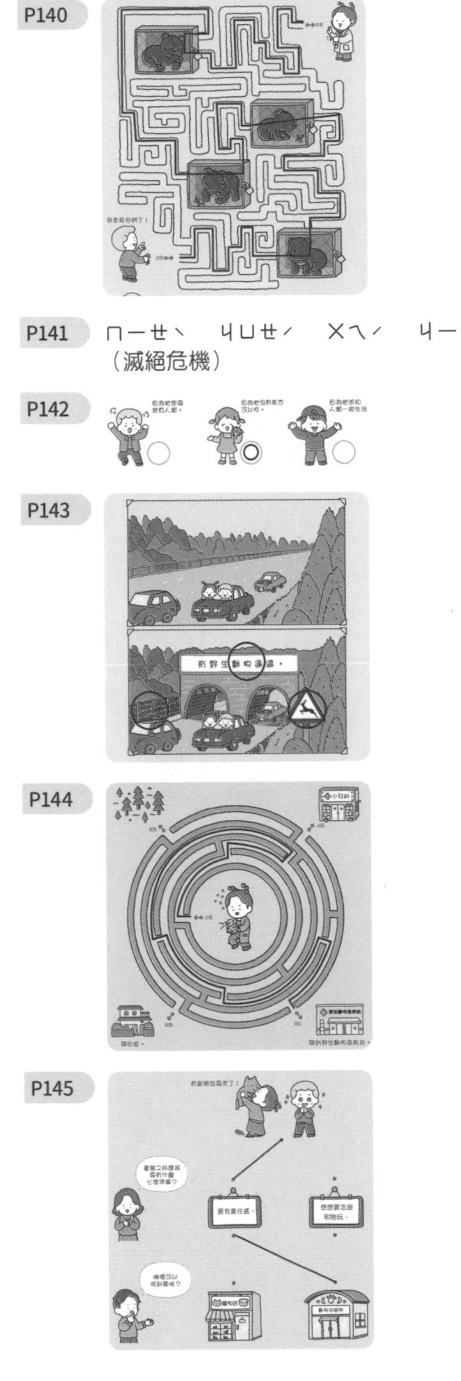

P140

P141 ㄇㄧㄝˋ ㄐㄩㄝˊ ㄨㄟˊ ㄐㄧ

（滅絕危機）

P142

P143

P144

P145

國家圖書館出版品預行編目（CIP）資料

1天1項環保挑戰，與孩子一起打造永續地球 / 鄭命姬著；李智英繪；游芯歆譯. -- 初版. -- 臺北市：臺灣東販股份有限公司, 2023.07
156面；16.5×22.8公分. -- (SDGs系列講堂)
譯自：1 일 1 환경 챌린지
ISBN 978-626-329-888-0(平裝)

1.CST：環境保護 2.CST：永續發展 3.CST：通俗作品

445.99 112008548



SDGs系列講堂

**1天1項環保挑戰，**
**與孩子一起打造永續地球**

2023年7月1日初版第一刷發行

著　　者　鄭命姬
繪　　者　李智英
譯　　者　游芯歆
編　　輯　劉皓如、曾羽辰
美術編輯　林佳玉
發 行 人　若森稔雄
發 行 所　台灣東販股份有限公司
<地址>台北市南京東路4段130號2F-1
<電話>(02)2577-8878
<傳真>(02)2577-8896
<網址>http://www.tohan.com.tw
郵撥帳號　1405049-4
法律顧問　蕭雄淋律師
總 經 銷　聯合發行股份有限公司
<電話>(02)2917-8022